国家重点研发计划“固废资源化”重点专项
“高寒高海拔生态脆弱区城市多源固废综合处置及集成示范”（2019YFC1904100）

# 典型高寒高海拔地区生活垃圾全过程管理仿真模拟与管理效率评价

刘洪波　吕学斌　旦增　著

天津大学出版社
TIANJIN UNIVERSITY PRESS

图书在版编目(CIP)数据

典型高寒高海拔地区生活垃圾全过程管理仿真模拟与管理效率评价：国家重点研发计划“固废资源化”重点专项“高寒高海拔生态脆弱区城市多源固废综合处置及集成示范”（2019YFC1904100）/ 刘洪波, 吕学斌, 旦增著. -- 天津：天津大学出版社, 2023.1
ISBN 978-7-5618-7413-4

Ⅰ. ①典… Ⅱ. ①刘… ②吕… ③旦… Ⅲ. ①寒冷地区－城市－生活废物－垃圾处理－卫生管理－中国 Ⅳ. ①X799.305

中国国家版本馆CIP数据核字(2023)第024786号

DIANXING GAOHAN GAOHAIBA DIQU SHENGHUO LAJI QUANGUOCHENG GUANLI FANGZHEN MONI YU GUANLI XIAOLÜ PINGJIA

| | |
|---|---|
| 出版发行 | 天津大学出版社 |
| 地　　址 | 天津市卫津路92号天津大学内（邮编:300072） |
| 电　　话 | 发行部:022-27403647 |
| 网　　址 | www.tjupress.com.cn |
| 印　　刷 | 北京盛通印刷股份有限公司 |
| 经　　销 | 全国各地新华书店 |
| 开　　本 | 787mm×1092mm　1/16 |
| 印　　张 | 6 |
| 字　　数 | 146千 |
| 版　　次 | 2023年1月第1版 |
| 印　　次 | 2023年1月第1次 |
| 定　　价 | 60.00元 |

# 序

# PREFACE

随着我国城市化进程的快速发展，人民生活水平不断提高，生活垃圾产生量不断增加，具有资源和环境属性的生活垃圾，如果处理不当将造成严重的环境污染和资源浪费。随着国际社会对温室气体减排及资源循环利用的高度关注，生活垃圾的减量化、资源化和无害化，生活垃圾的减污降碳，资源的回收利用是未来垃圾处理处置的重点方向。

2016 年 12 月 21 日，习近平总书记在中央财经领导小组第十四次会议上提出，要加快建立分类投放、分类收集、分类运输、分类处理的垃圾处理系统，形成以法治为基础、政府推动、全民参与、城乡统筹、因地制宜的垃圾分类制度，并努力提高垃圾分类制度覆盖范围。2017 年 3 月，我国出台了《生活垃圾分类制度实施方案》，拉开了垃圾分类试行工作的序幕，2018 年 12 月，国务院办公厅印发了《"无废城市"建设试点工作方案》，拟通过"无废城市"建设试点，从城市整体层面深化固体废物综合管理改革，形成可复制、可推广的建设模式，以最大限度推进固体废物源头减量、资源化利用和无害化处置的社会发展模式。最新修订的《中华人民共和国固体废物污染环境防治法》对生活垃圾全过程综合管理提出了明确要求，要求县级以上政府部门制定相应生活垃圾污染环境防治工作规划，加强生活垃圾全过程综合管理。

青藏高原属于我国典型的高寒高海拔生态脆弱区，是我国和全球的生态安全屏障，在我国生态建设和保护中占有极为重要的地位。完善生活垃圾全过程管理，对实现高寒高海拔地区固废源头减量化、资源化、无害化，提升生活垃圾全过程综合管理规划和政策执行效能，有效均衡高寒高海拔地区社会、经济、环境保护、科技创新发展，促进青藏高原生态环境、经济及社会各方面可持续协调发展具有深远意义。

该书围绕高寒高海拔地区生活垃圾全过程管理存在的问题，以拉萨市为例，详细分析了拉萨市生活垃圾全过程管理系统因果反馈关系，揭示了随时间变化拉萨市生活垃圾全过程管理系统各影响因素间的相互影响和运行机制，介绍了拉萨市生活垃圾综合处置利用系统动力学模型的构建和最新研究成果，分析了生活垃圾全过程管理系统的动态发展趋势，并对不同情景下拉萨市生活垃圾全过程管理效率进行了评价，提出了拉萨市生活垃圾全过程管理的政策措施和对策建议。本书的研究成果对我国高寒高海拔地区垃圾分类管理水平现代化提升具有很好的示范意义，对进一步提升拉萨市生活垃圾全过程管理水平，统筹高寒高海拔地区经济社会高质量发展与生态环境高水平保护关系具有重要的支撑作用。

我非常荣幸地应刘洪波老师邀请为此书作序，衷心祝贺《典型高寒高海拔地区生活垃圾全过程管理仿真模拟与管理效率评价》一书的顺利出版！我相信，该书的出版，可为高寒高海拔地区城市生活垃圾分类管理系统建立、能力建设、社会服务体系完善、城乡垃圾统筹管理和回收物质利用等多方面提供重要参考。

2022 年 9 月

# 前言

FOREWORD

西藏地处青藏高原，属于我国典型的高寒高海拔生态脆弱区，是我国和全球的生态安全屏障，在我国生态建设和保护中占有极为重要的地位。党的十八大以来，习近平总书记十分重视和关心西藏生态文明建设，2019 年，习近平总书记对垃圾分类工作作出重要指示，强调实行垃圾分类，关系广大人民群众生活环境，关系节约使用资源，也是社会文明的一个重要体现。要求培养垃圾分类的好习惯，全社会人人动手，一起来为改善生活环境作努力，一起来为绿色发展、可持续发展作贡献。在西藏和平解放 70 年之际，习近平总书记在西藏考察时强调："要牢固树立绿水青山就是金山银山、冰天雪地也是金山银山的理念……切实保护好地球第三极生态。"

城市生活垃圾全过程综合管理是一项涉及民生、经济、管理、宣传教育等多方面的复杂系统工程，高寒高海拔地区在经济、社会、文化等各个方面的发展水平与内地发达城市不同，城市生活垃圾在组分构成、产生情况、分类现状、处置模式等各个环节都有明显的地区特异性，从社会、经济、人口、环境等多角度研究符合高寒高海拔地区实际的城市生活垃圾综合管理，是提高高寒高海拔地区城市固废综合处置利用全过程管理效能的关键。

课题组历时 3 年，在大量现场调研的基础上，全面系统研究了高寒高海拔地区生活垃圾产生系统的功能特征、演变规律和影响互馈机制，在综合考虑高寒高海拔地区自然环境禀赋、国内生产总值（gross domestic product，GDP）增长率、人口发展趋势和生活习惯等因素的基础上，创新提出了高寒高海拔地区生活垃圾全过程管理的系统动力学模型和基于数据包络分析的生活垃圾全过程管理效率评价方法，并以拉萨市为例，开展了拉萨市生活垃圾全过程管理的仿真研究和管理效率评价。研究利用 162 个系统变量全面刻画了拉萨市生活垃圾综合处置利用全过程中各子系统间的相互影响作用机制，系统总结分析了拉萨市生活垃圾产生、分类、运输、处理处置和资源化利用全过程的管理特点和存在问题，全面深入探究了影响拉萨市生活垃圾减量化、无害化处理率与资源化利用率、处理效果和管理成本等的主要因素，并对不同情景下的生活垃圾管理效率进行了评价分析，提出了包括如何正确处理好拉萨市社会经济环境可持续发展关系、完善城镇和农村生活垃圾处理处置模式、补齐垃圾分类收运与处理回收短板、优化资源配置以及加强制度管理等方面的政策建议，研究取得了一些较为先进的成果。在以上认识和研究的基础上，形成本书，敬呈读者，以益探讨与交流。

全书共有 6 章：

第 1 章，绪论，简要介绍了本书的研究背景，综合分析了国内外以及拉萨市生活垃圾全过程管理现状；

第 2 章，利用系统动力学的理论与方法建立了高寒高海拔地区生活垃圾全过程管理系统的一般模型，并以拉萨市为例，建立了拉萨市生活垃圾综合处置利用系统动力学模型；

第 3 章，开展了拉萨市生活垃圾全过程管理的仿真模拟研究，分析了不同政策情景下拉萨市生活垃圾产生总量、分类、无害化处理及综合处置利用经济总效益等情况；

第 4 章，介绍了基于数据包络分析法（data envelopment analysis，DEA）理论和全要素生产率指数模型（Malmquist 指数模型）的生活垃圾全过程管理效率评价方法和评价步骤，并构建了拉萨市生活垃圾全过程管理效率评价指标体系，同时对投入产出指标分别进行了计算；

第 5 章，测算了拉萨市生活垃圾全过程管理效率，对比分析了相同年份不同情景下实施各项垃圾管理措施对生活垃圾全过程管理效率的提升幅度，以及相同情景不同年份的管理效率变化情况及原因；

第 6 章，提出了拉萨市生活垃圾全过程管理的对策建议。

本书可以作为人民群众理解生活垃圾分类、处理处置和资源化利用全过程管理要求，了解政府部门生活垃圾综合管理与决策的科普用书，也可以作为高校学生学习相关知识和科研人员开展相关研究的参考用书。

本书由天津大学和西藏大学共同研究和编写，天津大学的刘洪波任主编并负责本书结构框架的整体设计和理论、方法、技术研究的全面指导，昆明理工大学的李凯对本书进行了细致的审校。本书执笔人员及分工如下：第 1 章，旦增、刘紫云；第 2 章，刘紫云、张勤萧；第 3 章，张勤萧、刘紫云；第 4 章，吕学斌、庄新颖；第 5 章，庄新颖、刘昱瑾；第 6 章，刘洪波、刘昱瑾、吕学斌。

本书参考和借鉴了大量国内外学者的有关论著及研究成果，在此谨向各位学者表示衷心的感谢！

因受编者能力和时间所限，本书难免存在疏漏和不足之处，恳请同行专家和广大读者给予指正。

作者<br>2022 年 8 月于天津

# 目录

CONTENTS

## Chapter 1

第 1 章

**绪论**

1



## Chapter 2

第 2 章

**高寒高海拔地区生活垃圾全过程管理系统动力学模型**

14

## Chapter 5

## 第 5 章 拉萨市生活垃圾全过程管理效率评价结果及分析



## Chapter 6

## 第 6 章 拉萨市生活垃圾全过程管理优化建议

# Chapter 1

# 第 1 章 绪论

## 1.1 研究背景

2013—2022 年，我国国内生产总值年均增长率保持在 6.6%，生活垃圾产生数量也随之快速增长。目前我国在生活垃圾管理方面还存在很多问题，如无害化处理能力不足、末端处理设施建设滞后、资金投入严重不足等，适合现代化生活垃圾管理的模式还未建立；生活垃圾从产生、分类、收集到转运、处理处置、资源化利用等各环节管理效率低下，投入产出不匹配[1]；目前生活垃圾管理过程主要依靠政府的大量资金投入，没有充分发挥市场的作用，难以形成从生活垃圾产生到资源利用的再生资源循环体系。2018 年 12 月，国务院办公厅印发了《"无废城市"建设试点工作方案》，拟通过"无废城市"建设试点，从城市整体层面深化固体废物综合管理改革，形成可复制、可推广的建设模式，推动建设以创新、协调、绿色、开放、共享的新发展理念为指导，最大限度推进固体废物源头减量、资源化利用和无害化处置的社会发展模式。2020 年 4 月修订的《中华人民共和国固体废物污染环境防治法》提出，要保障公众健康，维护生态安全，推进生态文明建设，促进经济社会可持续发展，明确固体废物污染环境防治坚持减量化、资源化和无害化的原则；县级以上地方人民政府应当加快建立分类投放、分类收集、分类运输、分类处理的生活垃圾管理系统，实现生活垃圾分类制度有效覆盖；县级以上地方人民政府环境卫生主管部门负责组织开展厨余垃圾资源化、无害化处理工作；县级以上地方人民政府应当按照产生者付费原则，建立生活垃圾处理收费制度等。因此，加强生活垃圾全过程综合管理势在必行。

青藏高原海拔为 3 000~5 000 m，平均海拔 4 000 m 以上，属于我国典型的高寒高海拔生态脆弱区，是我国和全球的生态安全屏障，在我国生态建设和保护中占有极为重要的地位。这一特殊性对青藏高原生活垃圾全过程管理提出了更高要求。青藏高原海拔高、气候条件恶劣，是亚洲众多河流发源地，生态环境脆弱敏感，生活垃圾处置不当极易污染土壤、河流等，对生态环境造成不可逆的破坏。青藏高原地区在生活垃圾综合处置利用过程中不仅与其他地区存在共性问题，还存在一系列特殊问题。2010 年，青藏高原常住总人口为 1 239.76 万人，常住人口密度仅 4.77 人/$km^2$[2]，远低于中国其他地区人口密度水平，人口居住分散大大增加了生活垃圾收集运输成本；由于经济发展相对落后，生活垃圾污染环境防治设施投入与目前生活垃圾产生现状不匹配，例如各县级生活垃圾填埋场已基本满库，农村生活垃圾清运存在滞后问题；居民教育水平相对较低，居民环保意识普遍较弱，垃圾分类工作推动存在较大困难……生活垃圾全过程综合管理是一项涉及民生、经济、管理、宣传教育等多方面的复杂系统工程，为满足高寒高海拔地区生活垃圾综合处置及资源化利用的重大需求，实现垃圾的无害化、减量化和资源化，充分保障我国高原生态文明建设，需要根据当地社会、经济、文化等发展状况，不断对现有管理体制机制进行创新和变革，循序渐进地推进。重点要对生活垃圾管理系统进行系统分析，全过程、全视角、全生命周期地综合研究生活垃圾综合处置利用过程短板及其动态发展趋势，为经济发展、人口管控、旅游开发等各方面政策的制定以及生活垃圾管理提供建议、支持，优化生活垃圾管理系统，有效解决该地区生活垃圾管理过程中存在的问题。

## 1.2 现状分析

### 1.2.1 高寒高海拔地区区域概况

高寒山区指海拔高、常年低温、土壤下有常年不化的冻土层的山区。我国高寒区域有黑龙江省北部，青藏高原，甘肃、山西、内蒙古及云南部分地区。下面以西藏自治区首府拉萨、西藏第二大城市日喀则、西藏“北大门”那曲、“世界屋脊之屋脊”阿里地区、“西藏江南”林芝以及青海的西宁、海西州和四川的甘孜州等为例来说明高寒高海拔地区的区域概况。

西藏自治区是中国人口最少、人口密度最小的省区，是藏族人民的主要聚集地，平均海拔在 4 000 m 以上，全区面积 120.28 万 $km^2$，约占全国总面积的 1/8，在全国各省、市、自治区中仅次于新疆。藏南谷地受印度洋暖湿气流的影响，温和多雨，年平均气温 8 ℃，最低月均气温-16 ℃，最高月均气温 16 ℃。藏北高原为典型的大陆性气候，年平均气温 0 ℃，冰冻期长达半年，气温最高的 7 月不超过 10 ℃，6—8 月较温暖，雨季多夜雨，冬春多大风。西藏是中国太阳辐射能最多的地方，比同纬度的平原地区多 1 倍，日照时间也是全国最长的。西藏自治区下辖 6 个地级市（拉萨市、日喀则市、昌都市、林芝市、山南市、那曲市）和 1 个地区（阿里地区），共分为 8 个市辖区、66 个县，如图 1.1 所示。藏族在发展过程中形成了很多与其他民族不同的独特风俗，如献哈达等。西藏天然草场、森林等覆盖率较高，矿产储备丰富，水能、地热能、太阳能、风能等均非常可观，并且拥有自己独特的高原动植物。当地社会生活与自然环境的关系密不可分。

拉萨，西藏自治区首府，位于西藏东南部，面积 2.964 万 $km^2$，是西藏面积最小的地级市，也是西藏的政治、经济、文化和科教中心。平均海拔 3 650 m，年日照时间 3 000 h 以上，素有“日光城”的美誉，年平均气温 7.4 ℃，全年多晴朗天气，降雨稀少，冬无严寒，夏无酷暑，属高原温带半干旱季风气候。拉萨市辖 3 个市辖区、5 个县、65 个乡（镇、街道办），被列入世界文化遗产名录的布达拉宫、大昭寺、罗布林卡均位于拉萨。2021 年，全市实现地区生产总值达到 741.84 亿元，位居西藏各地级市首位，人口数量也位居榜首。2022 年，入选“十四五”时期“无废城市”建设名单，入选废旧物资循环利用体系建设城市名单。

日喀则，西藏第二大城市，位于西藏西南部，面积 17.924 万 $km^2$，平均海拔 4 000 m 以上，下辖 1 个市辖区、17 个县。西藏第一大河雅鲁藏布江发源于日喀则市仲巴县杰马央宗冰川，雅鲁藏布江中游最大的支流——年楚河也位于日喀则。此外，日喀则境内有世界第一高峰——珠穆朗玛峰（海拔 8 848.86 m）。被誉为“西藏塔王”的江孜白居寺、萨迦寺、平措林寺和帕拉庄园、雪域小江南（日喀则喜马南麓六大名沟）等都坐落于日喀则。面积逾 3 万 $km^2$ 的珠穆朗玛国家公园分布在它的周围。2020 年，日喀则市实现地区生产总值 322.78 亿元。

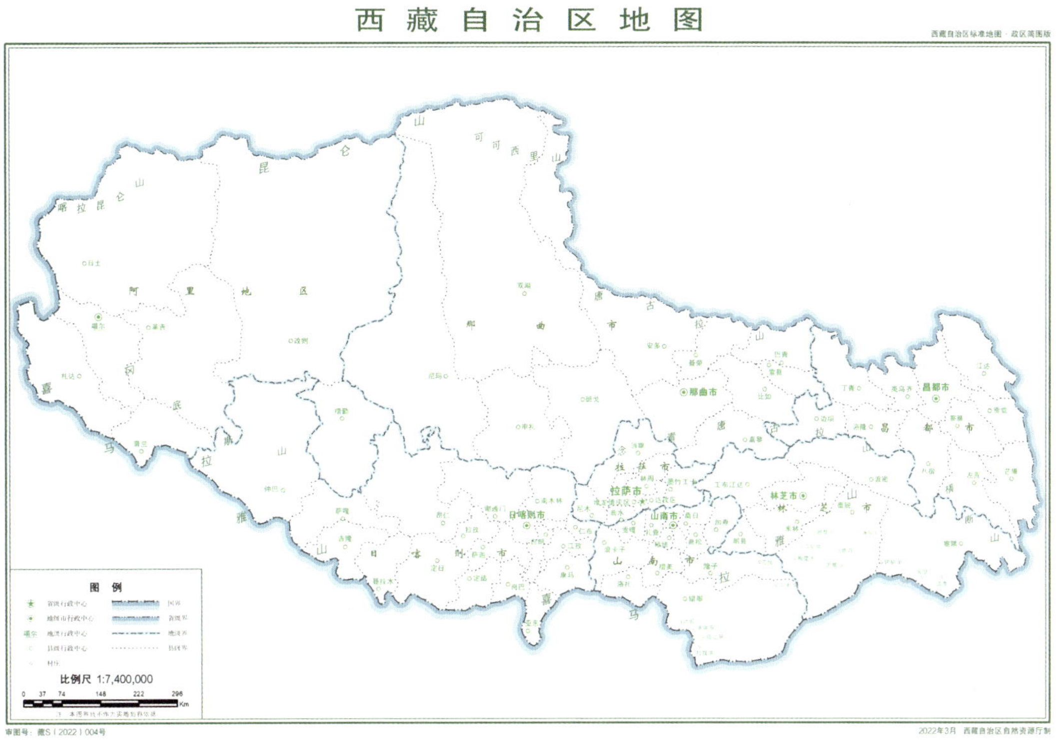


图 1.1 西藏自治区地图

那曲，位于西藏北部，是西藏的“北大门”，总面积 35.3 万 $km^2$，位居西藏各地级市区域面积排名之首，下辖 1 个市辖区、10 个县。平均海拔 4 500 m 以上，年均降雨量仅为 100~200 mm，年日照时间为 2 852.6~2 881.7 h，全年气候干冷，属亚寒带气候区，其含氧量仅为海平面的一半。那曲是长江、怒江、拉萨河、易贡藏布等大江大河的源头，另外还分布着高原四大名湖之一的纳木错、西藏三大圣湖之一的当惹雍错，湖泊星罗棋布，数量达 3 000 多个，素有“江河源”“中华水塔”的美誉。

林芝，古称“工布”，藏语意为“太阳宝座”，位于西藏东南部、雅鲁藏布江中下游，下辖 1 个市辖区、6 个县。面积 11.487 万 $km^2$，平均海拔 3 100 m 左右，地形高差悬殊，最高为南迦巴瓦峰，海拔 7 782 m，最低在雅鲁藏布江下游墨脱县巴昔卡，海拔 155 m，是世界陆地垂直地貌落差最大的地带。林芝具有特殊的热带湿润和半湿润气候，年降雨量 650 mm 左右，年均日照时间 2 022 h，资源丰富、风景秀丽，素有“生物基因库”“动植物王国”“西藏江南”之称。雅鲁藏布江水量最大的支流帕隆藏布在其境内，水系流量巨大。林芝市森林覆盖率达 47.6%，为中国第三大林区，西藏森林的 80%都集中在这里；水力资源占西藏的 70%以上，被联合国列为 21 世纪十大超级工程的建于雅鲁藏布江大拐弯处的巨型水电站就位于墨脱县。2020 年全市总人口 23.89 万人，是一个以藏族为主体，汉族、门巴族、珞巴族等多个民族和睦相处的多民族聚居区，先后被评为“全国园林绿化先进城市”“国家卫生城市”等。

阿里地区，位于西藏西部，面积 33.717 万 $km^2$，平均海拔 4 500 m 以上，被称为“世界屋脊之屋脊”“万山之祖、万水之源”，下辖 7 个县。阿里属二类风区，年平均气温 0 ℃，日平均温度变化幅度极大，狮泉河镇冬季极端最低气温-41 ℃，夏季极端最高气温 21 ℃；全区有 80 多条河流、60 多个湖泊。

西宁，青海省省会，地处青海省东部、湟水中游河谷盆地，是青藏高原的东方门户，古“丝绸之路”南路和“唐蕃古道”的必经之地，是全省的政治、经济、科教、文化、交通和医疗中心。西宁呈东西向条带状，地势西南高、东北低，四周群山环抱，总面积 7 660 $km^2$，市区海拔 2 261 m，下辖 5 个区、2 个县，设有 4 个功能区。西宁是典型的移民城市，多民族聚集、多宗教并存，是青藏高原唯一一个人口超过百万的中心城市，移民人口达 100 万人之多。2021 年，全市常住人口为 246.80 万人；地区生产总值达到 1 548.8 亿元，排名青海省 8 市州第一，是青海省唯一地区生产总值超过 1 000 亿元的城市，高于全省 2.4 个百分点，对全省经济增长贡献率达 60%，增速位居西北省会城市第一。西宁属大陆性高原半干旱气候，年平均日照时间为 1 939.7 h，年平均气温 7.6 ℃，最高气温 34.6 ℃，最低气温-18.9 ℃，属高原高山寒温性气候。西宁矿产资源种类较多，已经国家审定上储量表的矿产有 70 多种，保有储量的潜在价值达 81 200 亿元；全市发现各类矿产 46 种，其中能源类矿产有煤炭 1 种，金属矿产有铁、钛、铜、铅等 10 余种，非金属矿产主要有冶金用石英岩、玻璃用石英岩、冶金用白云岩、建筑砂石、黄铁矿、滑石、蛇纹岩、菱镁矿等 32 种，水汽矿产有地下水、矿泉水、地下热水等 3 种。荣获“国家卫生城市”“中国特色魅力城市 200 强”“中国优秀旅游城市”“全国园林绿化先进城市”“国家森林城市”“全国文明城市”“中国十大最美丽城市”“世界旅游名城”等荣誉称号，是“无废城市”建设试点城市。

海西蒙古族藏族自治州（简称“海西州”），地处青藏高原北部、青海省西部，境域以昆仑山、阿尔金山、祁连山环抱着的柴达木盆地为主体，盆地海拔 2 675~3 200 m，四周高山海拔 3 500~4 500 m，全州总面积 32.58 万 $km^2$，下辖 3 个县级市、3 个县，另有大柴旦行政区，属典型的高寒干燥大陆性气候区。海西蒙古族藏族自治州是一个移民型、多民族聚集的地区，有蒙古、藏、汉、回、土、撒拉等 35 个民族，其中主体民族为蒙古族、藏族。2021 年，地区生产总值 713.8 亿元，位居青海省第二位，增速达 15.2%，是全省增速最快的城市。

甘孜藏族自治州（简称“甘孜州”），位于四川省西部、青藏高原东南缘，面积 15.3 万 $km^2$，占全省总面积的 31.76%，平均海拔 3 500 m，下辖 1 个县级市、17 个县。甘孜州是中国第二大以藏族为主的多民族聚居区，形成大杂居、小聚居的分布特点。甘孜州主要属青藏高原气候，气温随高差呈明显的垂直分布状态，其特点是气温低、冬季长、降水少、日照足。

综上所述，高寒高海拔地区在经济、社会、文化等各个方面的发展水平和特点与内地城市不同，高寒高海拔地区干燥少雨、日照充足、气温较低，动植物、水资源、太阳能、矿产等自然资源十分丰富。在社会人文方面，高寒高海拔地区都有自己独特的民族风俗和饮食习惯，经济发展水平相对不高，居民教育水平相对较低，环保意识普遍较弱。由于其特殊的地理位置、海拔高度和气候特点，其景观及生物多样性有别于内地，同时因生态系统敏感、抗干扰能力弱等环境特殊性，高寒高海拔地区大多属于国家生态环境重点保护区域，在我国生态建设和保护中占有极为重要的地位。可见，加强生活垃圾全过程管理对促进青藏高原生态环境、经济及社会各方面可持续协调发展，加强青藏高原生态文明建设和美丽中国建设具有一定的示范引领作用。

### 1.2.2　国内外生活垃圾全过程管理研究现状

在生活垃圾产生阶段，目前的研究主要集中在对生活垃圾产生量的预测方面。国内外大量学者[3-11]通过时间序列分析和回归分析对生活垃圾的产生量进行了预测。例如 Denafas 等人[4]将收集的数据与时间序列预测模型，如非参数季节指数平滑模型、温特斯加法模型和温特斯乘法模型进行拟合，对生活垃圾产生量和组分的季节变化进行了高精度定量估计，这种对生活垃圾总量和组成的波动现象的研究将有助于更好地进行生活垃圾管理；Al-Salem 等人[9]利用社会和人口等 9 个统计学变量进行多元线性回归分析来预测墨西哥恰帕斯省昆卡·德尔卡农·德尔苏米德罗市的生活垃圾产生量，研究发现，虽然人均收入和平均受教育程度等因素很重要，但影响该城市生活垃圾产生量的最重要变量是人口总量、移民数量和人口密度。王琛等人[12]选取居民消费结构等社会经济影响因素，以中国 30 个省级行政区的面板数据为分析依据，构建了以浙江、湖南、四川为代表的高、中、低经济消费省份组别的生活垃圾产生机制的分区模型，结合逼近年份的最小二乘法和多元线性回归对不同分区的代表性省份进行了生活垃圾产量的预测，探究了生活垃圾与社会经济因素的互动产生机制。Dai[13] 等人采用模糊信息粒化方法对人均年可支配收入、国内生产总值和社会消费品零售总额进行粒化和预测，将预测结果代入遗传算法优化的支持向量回归模型中，预测了人均生活垃圾产生量。Abbasi 等人[14]测试了 4 种人工智能模型，包括支持向量机、自适应神经模糊推理系统、人工神经网络和 *k*-最近邻，以预测澳大利亚昆士兰州洛根市议会地区每月产生的生活垃圾，结果表明，人工智能模型具有良好的预测性能。综上所述，国内外学者对垃圾产生量预测的常用方法有回归分析、时间序列分析、人工智能模型等，但这些方法均需要大量精确的历史数据来支撑，而高寒高海拔地区历史数据相对缺乏。

在生活垃圾分类方面，国外发达国家如瑞典、芬兰、日本等起步较早，已经形成了一套完整的生活垃圾分类法律体系和生活垃圾分类处置体系，例如日本[15] 92%以上的城市都开展了生活垃圾源头分类计划，只有 1%的生活垃圾被填埋，日本居民已经形成分类习惯，花费相当多的时间和精力在家里进行垃圾分类；芬兰[16]的生活垃圾管理系统几乎完全基于源头分类，芬兰生产者责任组织在各市挨家挨户收集垃圾，还设立专门的纸板、玻璃、金属、塑料垃圾收集点，对于花园垃圾以及大件物品，居民可以送到由城市垃圾管理组织维护的城市便利场所，这为当地居民开展生活垃圾分类提供了便利条件。同时，很多学者也在不断探索如何更好地促进生活垃圾分类，如 Gundupalli 等人[16]为欧盟委员会提出的基于生活垃圾重量的“即扔即付”（PAYT）计划定义了新的定价模型，如果公民将分类率从默认的 40%提高到 80%，则可以将公民支付所产生的生活垃圾的单位价格降低 32%，该定价模型可以促进生活垃圾分类并减少生活垃圾的产生。随着我国近几年不断落实垃圾分类工作，我国学者在垃圾分类行为的影响因素方面的研究逐渐增多，为实现生活垃圾分类的有效管理提供了参考。例如 Qu[17]以计划行为理论为基础，运用实证研究方法，分析了影响我国城市居民生活垃圾源头分类行为的影响因素；Guo 等人[18]采用半定量案例研究方法，研究了奖励积分制度对垃圾分类的影响，结果表明奖励积分系统能够提高垃圾分类的准确性和居民的环境意识；Li 等人[19]基于元胞自动机（cellular automata）模型评估居民的垃圾分类行为，探索了中国垃圾分类的实施效果。

在生活垃圾收集收运阶段，张爽等国内学者[20-24]采用如人工鱼群算法、非线性优化函数、节约法、层次分析法等多种方法，构建了垃圾收运路线优化模型、转运站选址优化模型，为现实中垃圾收集收运提供了理论指导。国外学者 Wilson 等人[25]提出了可用于估计城市生活垃圾收集系统车辆和人力需求的概率模型，该模型为固废管理人员在没有时间和费用进行建模模拟的情况下广泛研究生活垃圾收集提供了替代方案。Strand 等人[26]提出了用于生活垃圾管理组织运营及支持日常收运生活垃圾的决策支持系统，该系统解决了手动创建生活垃圾收运时间表和规划路线耗时长、容易出错的问题。通过该决策支持系统，可以降低并优化生活垃圾收集过程中的复杂性，尤其是从环境角度提高了可持续性，系统评估表明，它可以使卡车的运行时间减少约 25%，相当于每辆卡车每年减少约 21.3 t $CO_2$ 和 187 kg 氮氧化物的排放。

在生活垃圾处理处置阶段，国内学者陈友媛等人[27]利用生命周期评价方法评估了 2 种农村生活垃圾处理处置模式对环境的影响。Huang 等人[28]对生活垃圾的可持续处置进行了研究，提出了 3 种生活垃圾处理规划方案，根据温室气体排放、成本和公众接受度 3 个指标对这 3 种方案进行了评估，确定了未来管理实践的最佳方案。Minoglou 等人[29]利用数学编程的方法优化了生活垃圾的处理处置，使处理成本最小化、温室气体（greenhouse gas，GHG）排放最小化。Islam 等人[30]通过改变某市回收、堆肥和填埋的比例，并采用集成废弃物管理模型对提出的多种方案进行了系统的生命周期分析，为该市确定了最环保的生活垃圾管理方案。Harijani 等人[31]开发了多目标混合整数线性规划模型，能够选择生活垃圾处理设施的最佳组合，指明生活垃圾处理设施的类型、位置和能力。

在生活垃圾资源化利用阶段，国外发达国家由于生活垃圾分类系统较为完善，在本阶段的研究更多关注于如何优化资源利用系统。例如日本学者 Fujii 等人[32]利用现有的具有较高能源效率的工业设施开发了一种“智能回收系统”，该系统将分散的城市可回收物资源与能源密集型产业的设施连接起来，提高了可回收物资源化利用效率，并且不会显著增加成本；Mohammadi 等人[33]把固废管理视为战略供应链问题，提出了用于协调生活垃圾供应链网络（包括物流、生产和分销）中运营决策的混合整数线性规划模型，该模型以整个供应链的利润最大化为目标，同时满足供应链中不同实体的需求、生产、运输和库存约束，从而最大限度地利用回收企业处理可回收废物。当前越来越多的国家如德国、奥地利、比利时等欧盟国家通过生产者责任扩展系统管理城市生活垃圾[34]，促进生产者思考如何避免、减少垃圾产生，发展循环经济。国内学者 Shan 等人[34]借鉴国外先进经验，探索了适合中国国情的生产者责任扩展系统，提出了一种三方博弈模型，探讨了生产者、回收商和政府的战略选择，生产者责任扩展系统在中国的实施机制及其影响因素，为构建完整的生活垃圾回收利用体系提供了理论参考。

综上所述，已有研究涉及生活垃圾管理各个环节，包括预测、影响因素分析、路线优化、评估评价、解决方案选择、支持决策系统建立、信息管理系统集成等方面，但从全过程、全视角来研究生活垃圾管理系统，仿真模拟并分析生活垃圾产生、分类、运输、处理处置、资源化利用等全过程的还比较少。生活垃圾管理系统是一个高阶、非线性的复杂系统，具有动态性、不确定性特征。生活垃圾从产生到处理处置及资源化利用各个环节相互作用，一个环节的动态变化往往影响到其他过程，因此从整体的、系统的角度开展研究十分必要。

### 1.2.3　拉萨市生活垃圾全过程管理现状

调研是认识系统、明确问题的关键步骤。作者科研团队通过网络调研和现场调研了解了拉萨市生活垃圾全过程管理的现状，分析了存在的问题，为 2.3 节模型结构的构建和内置数学关系式的确定提供了科学依据。

(1)拉萨市生活垃圾产生与收集

拉萨市生活垃圾和商业旅游垃圾主要由区县环卫局负责清运。拉萨市城市管理与综合执法局网站显示，2012 年拉萨市生活垃圾日均产生量为 422 t，2020 年达到 963 t，高峰日清运量 1 000 t 以上。拉萨城区(指城关区、达孜区、堆龙德庆区、曲水县)垃圾目前基本做到了全清运、日产日清，其中 17.5%的垃圾经过中转站运至处理厂，剩余 82.5%直运至盛运环保电力有限公司(即拉萨市生活垃圾焚烧发电厂)和拉萨市生活垃圾填埋场。远郊县(墨竹工卡县、当雄县、尼木县、林周县)各有一个小型填埋场，农村采用村收集、乡镇转运、县填埋的方式，但是周期较长，随着农村生活垃圾产量的日益增多，垃圾不能及时清运，存在滞后问题。拉萨市地域广阔，生活垃圾运输成本较高，一年生活垃圾运输成本投入约 2 841 万元(拉萨市环卫局提供数据)。

(2)拉萨市生活垃圾分类

拉萨市是全国首批 46 个垃圾分类试点城市之一，拉萨市城市生活垃圾和商业旅游垃圾分类工作自 2017 年开始不断推进，2020 年拉萨市颁布了《拉萨市城市生活垃圾分类管理办法》，将生活垃圾分为可回收物、厨余垃圾、有害垃圾、其他垃圾 4 类。拉萨市城市管理与综合执法局网站显示，目前拉萨市城关区共有 120 余个小区已完成垃圾分类箱的设置，已投放四分类果皮箱 700 余个，三分类垃圾分类箱 400 余个，改造垃圾箱 300 余个，全市完成 348 个居民小区投放垃圾分类收集设施工作，城关区范围内居住小区生活垃圾分类投放设施覆盖率达 92%。

经调研，拉萨市生活垃圾分类存在以下问题：生活垃圾正确分类效果甚微，居民的垃圾分类意识尚未形成；生活垃圾分类宣传教育仅局限在中心城区中的单位和小区，宣传教育力度不够；已建立的可回收兑换超市没有实时对外开放，参与兑换的居民很少，没有充分发挥其作用；垃圾分类管理的责任、分工存在问题，垃圾分类涉及每个公民及每个行业，但目前被认为是城管局的责任，这使得在全市范围内开展垃圾分类存在困难；垃圾分类奖惩机制和监督体系也未健全，居民参与垃圾分类的积极性低，执行与监督之间存在矛盾，如政府认为绝大部分居民未进行垃圾分类难以监管，居民认为政府未进行监管所以不认真参与垃圾分类。

(3)拉萨市生活垃圾处理处置

2018 年以前，拉萨市生活垃圾唯一处理处置方式为填埋；2018 年，拉萨市生活垃圾焚烧发电厂建成并投产，主要接纳城区的所有生活垃圾。拉萨市生活垃圾焚烧发电厂是西藏首座焚烧发电厂，采用 BOT(即建设—经营—转让)特许经营模式建设，处理工艺为焚烧炉排炉工艺。与平原城市相比拉萨市生活垃圾在焚烧过程中存在以下特点：大气压强低于低海拔地区，燃烧的着火点提前，使燃烧温度降低，影响燃烧程度；昼夜温差大，全年温度较低，对设备在低温条件下运行的要求较高；空气含氧量低，为保证燃烧的正常进行，对进风量要求更高。生活垃圾运输车辆进入焚烧发电厂厂区后，将垃圾倾倒至垃圾收集池，垃圾在经过一周左右时间的发酵后,再进入焚烧环节。拉萨市生活垃圾焚烧发电厂提供的数据显示,焚烧厂设计日处理量 700 t,每日达到设计处理量之后,剩余垃圾运至拉萨市生活垃圾填埋场,生活垃圾焚烧后的残渣体积可减少 90%左右,重量减少 70%~80%,焚烧后的灰渣也统一运送至垃圾填埋场。每吨生活垃圾折算上网电量为 300~350 kW·h,执行全国统一垃圾焚烧发电标杆电价 0.65 元/(kW·h),其中政府补贴 0.3 元/(kW·h)。随着生活垃圾产生量的日益增多,拉萨市拟建设焚烧发电厂二期工程。二期工程建成后,拉萨市生活垃圾焚烧发电厂总处理能力可达到 1 500 t/d。

拉萨市生活垃圾填埋场主要接纳城区生活垃圾。填埋场分两期建设,拉萨市环卫局提供的数据显示,一期工程 2002 年开始运行,总库容 190.28 万 $m^3$,设计日填埋量 300~400 t,规划使用年限 20 年, 2018 年提前满库;二期工程 2018 年开始运行,总库容 717.53 万 $m^3$,设计日填埋量 350 t,规划使用年限 50 年。拉萨市农村生活垃圾处理处置的唯一方式是填埋,4 县填埋场目前剩余总库容仅 13.78 万 $m^3$。填埋场的建设质量和管理水平不高,填埋方式简易,二次污染情况亟须引起重视。相关研究[35]表明,拉萨市生活垃圾填埋场已经对地下水、地表水产生了污染,主要指标包括氟化物、重金属 Pb、总磷等,填埋场附近的土壤也受到 Hg、Cr、Cd 等重金属和 As 等非金属污染,潜在环境风险较大。

拉萨市餐厨垃圾处理厂已于 2020 年 9 月开始运行,设计近期处置垃圾规模每天 80 t,远期规模每天 150 t,处理工艺为"餐厨预处理+固渣好氧堆肥+水相厌氧"。拉萨市餐厨垃圾处理厂主要接纳部分机关、学校、部队食堂的餐厨垃圾和饭店等餐饮业的残羹剩饭,目前并没有专门处理厨余垃圾(指居民日常烹调中废弃的下脚料和剩饭剩菜,来自千家万户)的设施,厨余垃圾前端分类投放与末端处理均未到位。

拉萨市生活垃圾中的有害垃圾统一运至西藏自治区危废处理中心,设计处理量 8 t/d(拉萨市城市管理与综合执法局提供数据)。

(4)可回收物回收与资源化利用

目前,拉萨市可回收垃圾以塑料、玻璃、纸壳和易拉罐等为主。拉萨市城市管理与综合执法局提供的数据显示,当前回收率仅为 5%左右,每月仅能回收 70~80 t 纸壳和塑料、60 t 左右玻璃。由于拉萨市没有可回收垃圾资源化企业,对于已回收的垃圾均由回收企业打包压缩,定期运到内地进行无害化处理和资源化利用,拉萨市可回收物资源化利用能力薄弱。

## 1.3 研究内容与基本框架

### 1.3.1 研究内容

(1)生活垃圾全过程管理现状分析

通过文献了解国内外学者对生活垃圾全过程管理各个环节的研究现状,通过网络调研和现场调研重点了解拉萨市生活垃圾全过程管理现状,明确拉萨市生活垃圾管理过程中存在的问题及原因,为建立拉萨市生活垃圾全过程管理仿真模型奠定基础。

(2)拉萨市生活垃圾全过程系统仿真分析

在调研的基础上,从生活垃圾全过程管理各环节入手,通过构建以拉萨市为代表的高寒高海拔地区生活垃圾全过程系统仿真模型，分析拉萨市生活垃圾全过程管理各子系统变量间、变量—子系统—全系统间的相互影响作用机制，探究影响拉萨市生活垃圾减量化、无害化处理率与资源化利用率、处理效果、管理成本的主要因素和结果，预测系统动态发展趋势，实现生活垃圾减量化，提高无害化处理率和资源化利用率，减少生活垃圾处理对环境的影响，降低管理成本，确定适合高寒高海拔地区的生活垃圾处理处置模式。

（3）拉萨市生活垃圾全过程管理效率评价分析

选取投入指标和包括碳排放量在内的产出指标，利用数据包络分析法中的非期望产出模型和 DEA-Malmquist 指数模型，测算不同情景下的生活垃圾管理效率并进行静态和动态分析，甄别影响拉萨市生活垃圾全过程管理效率提升的关键原因和瓶颈环节，确定 2021—2030 年相对管理效率最优的情景。

（4）拉萨市生活垃圾全过程管理优化建议

基于拉萨市生活垃圾建立全过程系统仿真结果及管理效率测算结果，提出优化建议，对促进青藏高原生态环境、经济及社会各方面可持续协调发展，加强青藏高原生态文明建设和美丽中国建设起到一定的示范引领作用。

### 1.3.2 基本框架（图 1.2）

本书在网络调研和现场调研的基础上，从生活垃圾全过程管理各环节入手，通过系统动力学模型、DEA-Malmquist 模型研究适合高寒高海拔地区的生活垃圾处理处置模式，给出优化建议，更好地统筹高寒高海拔地区经济社会高质量发展与生态环境的高水平保护。

### 1.3.3 研究方法和手段

本书通过网络调研和现场调研分析了拉萨市生活垃圾全过程管理现状，基于调研分析结果、系统工程理论和系统动力学方法，利用 Vensim 专业软件构建拉萨市生活垃圾综合处置利用的系统动力学模型，采用 DEA-Malmquist 模型对各情景下拉萨市生活垃圾全过程管理效率开展评价工作。

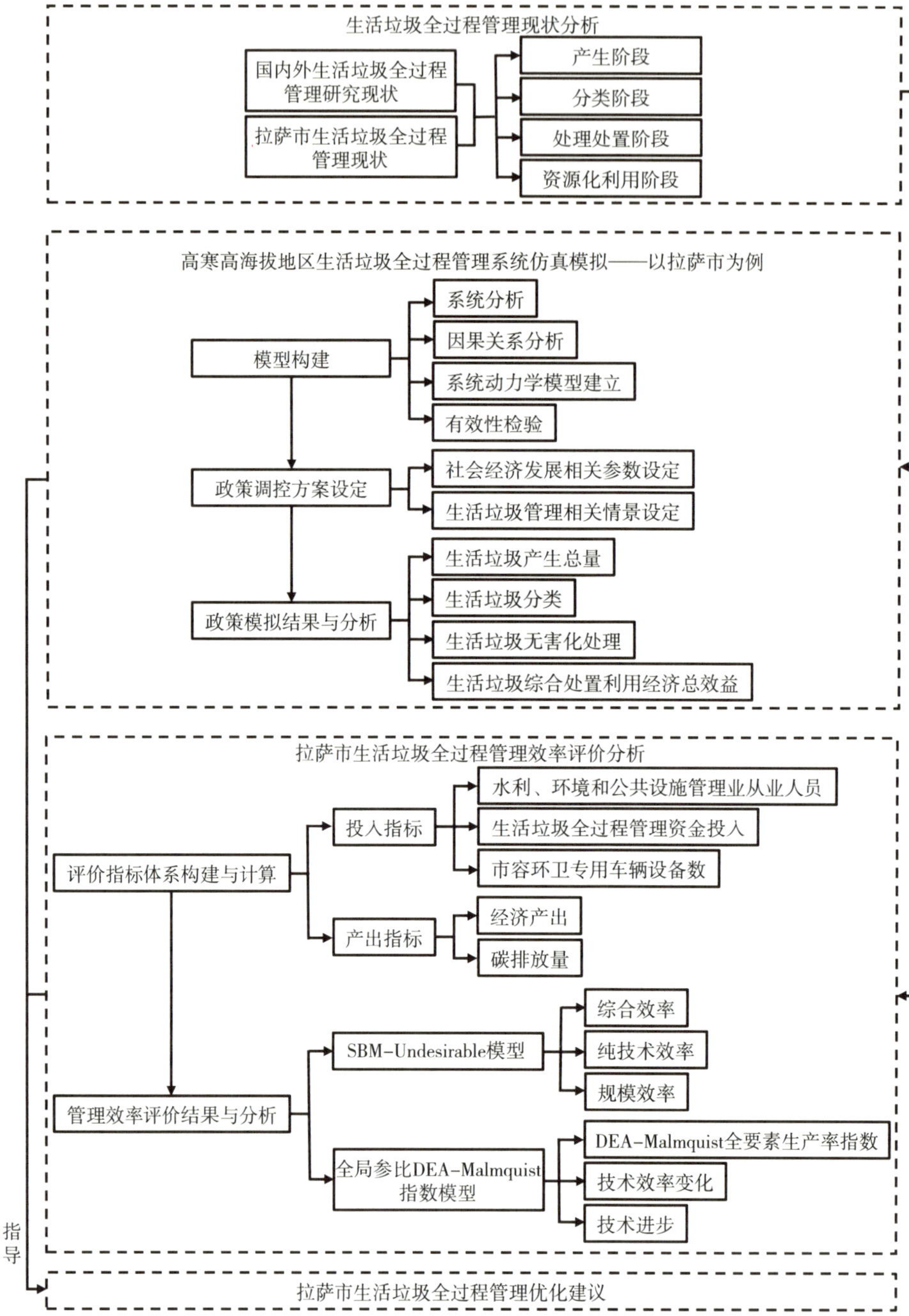
生活垃圾全过程管理现状分析
国内外生活垃圾全过程管理研究现状
拉萨市生活垃圾全过程管理现状
产生阶段
分类阶段
处理处置阶段
资源化利用阶段
高寒高海拔地区生活垃圾全过程管理系统仿真模拟——以拉萨市为例
模型构建
系统分析
因果关系分析
系统动力学模型建立
有效性检验
政策调控方案设定
社会经济发展相关参数设定
生活垃圾管理相关情景设定
政策模拟结果与分析
生活垃圾产生总量
生活垃圾分类
生活垃圾无害化处理
生活垃圾综合处置利用经济总效益
拉萨市生活垃圾全过程管理效率评价分析
评价指标体系构建与计算
投入指标
水利、环境和公共设施管理业从业人员
生活垃圾全过程管理资金投入
市容环卫专用车辆设备数
产出指标
经济产出
碳排放量
管理效率评价结果与分析
SBM-Undesirable模型
综合效率
纯技术效率
规模效率
全局参比DEA-Malmquist指数模型
DEA-Malmquist全要素生产率指数
技术效率变化
技术进步
拉萨市生活垃圾全过程管理优化建议
基础
基础
指导

图 1.2　基本研究框架

# 本章参考文献


[1] 刘蔚玲,肖黎姗,林剑艺,等. 基于DEA-Malmquist的我国城市生活垃圾管理效率评价[J]. 中国环境科学,2020,40(7):3196-3203.

[2] 戚伟,刘盛和,周亮. 青藏高原人口地域分异规律及"胡焕庸线"思想应用[J]. 地理学报,2020,75(2):255-267.

[3] ARAIZA-AGUILAR J A, ROJAS-VALENCIA M N, AGUILAR-VERA R A. Forecast generation model of municipal solid waste using multiple linear regression[J]. Global journal of environmental science and management, 2020, 6(1): 1-14.

[4] DENAFAS G, RUZGAS T, MARTUZEVICIUS D, et al. Seasonal variation of municipal solid waste generation and composition in four East European cities[J]. Resources, conservation and recycling, 2014, 89: 22-30.

[5] ZULKIPLI F, NOPIAH Z M, BASRI N E A, et al. Multilinear regression analysis on solid waste generation quantity in Malaysia towards sustainable development[J]. International journal of advances in applied sciences, 2017, 4(9): 46-52.

[6] AL-KHATIB I A, ABU FKHIDAH I, KHATIB J I, et al. Implementation of a multi-variable regression analysis in the assessment of the generation rate and composition of hospital solid waste for the design of a sustainable management system in developing countries[J]. Waste management and research, 2016, 34(3): 225-234.

[7] ALI S A, AHMAD A. Forecasting MSW generation using artificial neural network time series model: a study from metropolitan city[J]. SN applied sciences, 2019, 1(11).

[8] DE OLIVEIRA MERELLES L R, DE OLIVEIRA E SILVA C, DA LUZ M P, et al. Forecasting of solid waste generation for the Aparecida De Goiania (GO), Brazil, landfill by time series[J]. Engenharia sanitaria e ambiental, 2019, 24(3): 537-546.

[9] AL-SALEM S M, AL-NASSER A, AL-DHAFEERI A T. Multi-variable regression analysis for the solid waste generation in the State of Kuwait[J]. Process safety and environmental protection, 2018, 119: 172-180.

[10] SHAN C S. Projecting municipal solid waste: the case of Hong Kong SAR[J]. Resources, conservation and recycling, 2010, 54(11): 759-768.

[11] XU L, GAO P, CUI S, et al. A hybrid procedure for MSW generation forecasting at multiple time scales in Xiamen city, China[J]. Waste management, 2013, 33(6): 1324-1331.

[12] 王琛,李晴,李历欣. 城市生活垃圾产生的影响因素及未来趋势预测:基于省际分区研究[J]. 北京理工大学学报(社会科学版),2020,22(1):49-56.

[13] DAI F, NIE G, CHEN Y. The municipal solid waste generation distribution prediction system based on FIG-GA-SVR model[J]. Journal of material cycles and waste management, 2020, 22(5): 1352-1369.

[14] ABBASI M, EL HANANDEH A. Forecasting municipal solid waste generation using artifi-

cial intelligence modelling approaches[J]. Waste management, 2016, 56: 13-22.
[15] ZHANG X, LIU C, CHEN Y, et al. Source separation, transportation, pretreatment, and valorization of municipal solid waste: a critical review[J/OL]. Environment, development and sustainability, 2021.
[16] GUNDUPALLI S P, HAIT S, THAKUR A. A review on automated sorting of source-separated municipal solid waste for recycling[J]. Waste management, 2017, 60: 56-74.
[17] QU Y. The study on factors influencing resident's behavior for source separation of household waste[J]. Application of statistics and management, 2011, 30(1): 42-51.
[18] GUO S, DING G, ZHAO Q, et al. Bonus point system for refuse classification and sustainable development: a study in China[J]. Sustainability, 2017, 9(10).
[19] LI Y, CHU Z, ZHANG H, et al. Predicting the implementation effect of the municipal solid waste mandatory classification policy based on the residents' behavior[J]. Journal of the air and waste management association, 2020, 70(12): 1303-1313.
[20] 张爽,马慧民,雷悦,等. 考虑居民满意度的城市生活垃圾上门收运路线优化[J]. 系统管理学报,2019,28(3):545-551.
[21] 江浔,张睿,徐得潜. 合肥市滨湖新区固体垃圾收运系统优化研究[J]. 合肥工业大学学报(自然科学版),2016,39(11):1543-1547.
[22] 陈海滨,李文杰,杨龚,等. 基于节约法的村镇生活垃圾收运路线优化研究[J]. 环境工程,2016,34(12):122-125.
[23] 陈肖静. 基于层次分析法的中国城市生活垃圾分类收集方案优选:以上海市浦东新区为例[J]. 中国人口·资源与环境,2015,25(S2):368-371.
[24] 袁京,李国学,张红玉,等. 基于转运站满负荷的北京市新东西城区生活垃圾物流优化方案研究[J]. 环境科学,2013,34(9):3633-3640.
[25] WILSON B G, BAETZ B W. Modeling municipal solid waste collection systems using derived probability distributions. Ⅰ: model development[J]. Journal of environmental engineering, ASCE, 2001, 127(11): 1031-1038.
[26] STRAND M, SYBERFELDT A, GEERTSEN A. A decision support system for sustainable waste collection[J]. International journal of decision support systems, 2017, 9(4): 49-65.
[27] 陈友媛,魏来,孙萍,等. 两种典型农村生活垃圾处理处置模式的生命周期评价[J]. 中国海洋大学学报(自然科学版),2018,48(10):82-89.
[28] HUANG J, ZHAO R, HUANG T, et al. Sustainable municipal solid waste disposal in the Belt and Road Initiative: a preliminary proposal for Chengdu city[J]. Sustainability, 2018, 10(4): 1-15.
[29] MINOGLOU M, KOMILIS D. Optimizing the treatment and disposal of municipal solid wastes using mathematical programming-A case study in a Greek region[J]. Resources, conservation and recycling, 2013, 80: 46-57.
[30] ISLAM M S, MONIRUZZAMAN S M. Simulation of sustainable solid waste management system in Khulna city[J]. Sustainable environment research, 2019, 29.

[31] HARIJANI A M，MANSOUR S，KARIMI B. A multi-objective model for sustainable recycling of municipal solid waste[J]. Waste management and research，2017，35(4)：387-399.
[32] FUJII M，FUJITA T，CHEN X，et al. Smart recycling of organic solid wastes in an environmentally sustainable society[J]. Resources，conservation and recycling，2012，63：1-8.
[33] MOHAMMADI M，JAMSA-JOUNELA S，HARJUNKOSKI I. Optimal planning of municipal solid waste management systems in an integrated supply chain network[J]. Computers and chemical engineering，2019，123：155-169.
[34] SHAN H，YANG J. Promoting the implementation of extended producer responsibility systems in China：a behavioral game perspective[J]. Journal of cleaner production，2020，250.
[35] 徐慧. 青藏高原生活垃圾填埋场环境风险评价体系研究[D]. 成都:成都理工大学,2020.

# Chapter 2

# 第 2 章

# 高寒高海拔地区生活垃圾全过程管理系统动力学模型

## 2.1 系统动力学介绍

### 2.1.1 系统动力学概述

系统动力学(system dynamics, SD)是由美国麻省理工学院(MIT)福雷斯特(Jay W. Forrester)教授[1-3]于1956年创立的。起初它主要应用于解决工业企业管理问题,被称为“工业动力学”,随后几乎被用于各个领域,例如预测公众舆论[4],为政府在卫生、食品健康等领域作出重要决策时提供有效应对策略,还应用于农牧业管理[5]、城市水资源管理[6-7]、工业企业管理[8]、可再生能源管理[9-10]、医疗卫生[11]等领域。在固废管理方面,SD可用于实现对生活垃圾管理全过程的仿真[12-15]、预测矿山生活垃圾、医疗废物、建筑拆除废物等各种类型固废的产生情况[16-18]。SD已逐步发展为比较成熟的新学科。

系统动力学是一种根据反馈控制理论,运用计算机仿真技术,研究复杂的、动态的、非线性系统的定量分析方法,它认为系统内部的信息反馈机制决定了系统的外在行为模式。通过建立系统动力学模型,利用DYNAMO仿真语言和Vensim、iThink、STELLA、Powersim等软件在计算机上实现对真实系统的仿真,可以研究系统的内部结构和外在行为之间的动态关系,以便寻求较优调控方案[19-20]。

### 2.1.2 系统动力学的基本元素

系统动力学模型的基本元素包含流和元素,流包括物流和信息流,元素包括状态变量、速率变量、辅助变量、源和沟等。

流(flow)表示系统中的活动和行为,有物流和信息流,可以分别用带箭头的虚线和实线表示。状态变量(level variable)或称积累变量,其值的变化是一个累积的过程,当前时刻的值是历史某个时刻的值加上这段时间的变化量。速率变量(rate variable)直接决定状态变量值的大小,从而决定整个系统的最终行为,它代表状态变量的变化速率。当速率变量的表达式较复杂时,可以用辅助变量(auxiliary variable)描述其中一部分,辅助变量是设置在状态变量和速率变量之间的信息通道。辅助变量值由系统中其他变量计算获得,它的值不受历史时刻值的大小的影响,当前时刻的值和历史时刻的值是没有关系的。物流或者信息流从外部系统流入所建立的系统中,这时的外部系统被称为源(source)。有物流或信息流从系统中流到外部系统,这时的外部系统被称为沟(sink)。源和沟独立于系统之外,与系统的行为无关。

系统动力学建模有因果关系图、系统结构流图和结构方程式 3 个重要组件。因果关系图描述系统中变量间的相互反馈关系，是构建系统结构流图的基础；系统结构流图帮助研究者用符号表达出模型中的复杂概念；结构方程式用方程式表达变量之间的关系。

因果关系图是系统动力学中常用的图形表示方法，是构思系统动力学模型的基础，能够帮助研究者认清各个因素之间的相互关系，正确确定变量的方程和绘制系统结构流图。因果关系图中有正负反馈关系，分别用正负号来表示，正反馈表明箭头源发变量增加则箭头指向的变量随之增加，箭头源发变量减小则箭头指向的变量随之减小；负反馈则表示这两个变量的变化是相反的。系统结构流图不仅可以描述反馈信息，还可以表示不同性质的变量的区别，尤其是反馈系统中的动态性能的积累效应（状态变量）。它是整个系统中最重要的部分，其将系统动力学的基本变量和表示符号有机组合，完美地呈现出系统内部的作用机制，通过结构方程式进一步量化，为实现模型仿真奠定基础。系统结构流图可以清楚地看出系统中各个变量的性质，哪些是状态变量，哪些是速率变量，哪些是辅助变量等等。在系统结构流图建立好后需借助专门的语言程序 DYNAMO（Dynamic model）来输入结构方程式，结构方程式定量地表达变量之间的关系，最后借助仿真软件进行系统动力学模拟仿真。

### 2.1.3　系统动力学建模过程

利用系统动力学建模的一般步骤如下。

①系统分析。明确要解决的问题，确定要达到的目的，开展相关调研，搜集相关信息和统计数据，查找阅读国内外研究文献，确定系统边界，划分内部因素和外部因素。

②结构分析。分析系统总体和局部的反馈机制，划分子系统，确定各子系统的主要变量，分析系统内的主要因果关系以及确定变量间的关系。

③建立模型。模型需要构建系统结构流图和建立结构方程式，首先确定系统中状态变量、速率变量、辅助变量以及主要变量之间准确的数量关系，建立系统结构流图和确定变量的结构方程式，然后根据实际参数加以处理，并对系统变量进行赋值。

④模型运行和检验。模型检验主要是看模型的模拟结果和实际情况是否一致，每个变量的量纲是否正确以及方程式两边的量纲是否一致。检验过程是一个不断对模型进行调试和修改的过程，可保证所建模型的运行结果符合要求。

⑤政策调控与分析。通过改变参数进行不同情景方案的模拟，分析比较不同方案的模拟结果，依此提出合理的建议和改进措施。

## 2.2　生活垃圾全过程管理系统的建模过程

按照系统动力学解决问题的思路，生活垃圾全过程管理系统建模的主要过程包括：系统分析、因果关系分析、系统动力学模型建立和有效性检验。

### 2.2.1　系统分析

生活垃圾管理涉及从生活垃圾产生、分类、收集、输运、处理处置到资源化利用全过程，并且与经济、人口等多方面相互作用。如图 2.1 所示，生活垃圾全过程管理系统分为人口子系统、经济子系统、生活垃圾产生与分类子系统和生活垃圾处理处置与资源化利用子系统。系统内各子系统以及子系统内部各组成要素交织在一起,相互作用,具有非线性、多重反馈的特点,使系统具有较强的动态性。

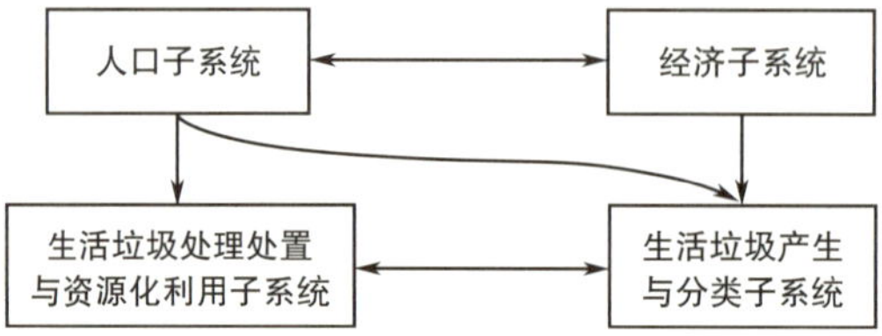


图 2.1　生活垃圾全过程管理系统示意图

### 2.2.2　因果关系分析

人口促进经济增长,产生生活垃圾并参与垃圾分类,同时也是生活垃圾处理处置与资源化利用的主体,因此人口子系统对其他 3 个子系统有直接影响。经济发展促进城镇化建设,刺激生活垃圾增多,故经济子系统直接作用于人口子系统和生活垃圾产生与分类子系统。经济发展水平越高,可能会对生活垃圾处理处置与资源化利用设施的建设产生越加积极的作用,进而提高生活垃圾处理处置与资源化利用水平。生活垃圾产生与分类子系统和生活垃圾处理处置与资源化利用子系统是生活垃圾管理过程中的上下游环节,两者互相促进、相互影响。

### 2.2.3　系统动力学模型建立

经济发展和人口增加是垃圾产生的最直接影响因素,通过现有的人口、经济数据可对城市生活垃圾产量和处理情况进行预测,垃圾产生量会影响转运、垃圾处理量、处理处置等后续环节,系统动力学能够实现对生活垃圾管理全过程的仿真。

### 2.2.4　有效性检验

模型检验贯穿在系统动力学建模整个过程中,目的是保证模型的准确性、有效性和可靠性。《韦伯大辞典》把"检验"定义为"建立对某事的真实性、准确性或逼真性描述",把"有效"定义为"从前提正确推导出的结论,意味着为客观真实所支撑",因此保证正确的前提是模型构建必须满足的条件。对模型进行的检验包括以下几种。

直观检验、量纲检验和运行检验:检验模型因果关系、结构等是否符合客观规律;检验变量设置、数学关系表述是否合理;检验数学关系等式两边量纲是否一致;检验模型是否能够正常运行,是否产生病态结果等。

历史检验:选定过去某一时段的历史数值作为参照值,检验模型通过模拟是否能准确得到历史数据,将得到的仿真结果与历史数据进行误差检验,以判断该系统能否"良好"地反映真实系统。

## 2.3 生活垃圾综合处置利用 SD 模型设计——以拉萨市为例

### 2.3.1 拉萨市社会经济环境系统特征分析

拉萨是西藏的文化中心，是以藏族为主体的多民族聚居之地，具有民族交融、文化内涵丰富的特点。长期以来，由于特殊的地理环境和闭塞的交通条件，藏族形成了与周边民族大相径庭的藏族食谱，由青稞炒制研磨而成的糌粑是藏族最主要的传统食物[21]。随着经济社会发展，拉萨与内地的文化思想和物质交流日益频繁，拉萨饮食文化已经越来越多地被内地饮食文化所影响。

拉萨是西藏自治区的经济中心，对西藏其他城市起着引领、辐射和带动作用。2010—2020 年拉萨市 GDP、人均 GDP 等统计数据如表 2.1 所示。近十年拉萨市 GDP、人均 GDP 保持同步增长，其中 GDP 年均增长速度达到 14.4%，相较内地其他部分省会城市增长速度更快，位于全国前列。本研究选择东部、中部、西南部、北部几个省会城市为例进行对比，如表 2.2 所示。从表 2.1 看出，拉萨市第一产业增加值逐年增长，而比重逐年下降；第二产业增加值所占比重稳步增长，这是因为西部大开发和对口支援促进了全市固定资产投资，特别是建筑业持续增长；以旅游业为主的第三产业作为拉萨市的支柱产业，增长势头强劲。

第七次全国人口普查结果显示，拉萨市 2020 年常住人口为 867 891 人，与 2010 年第六次全国人口普查的 559 423 人相比，增加 308 468 人，增长 55.14%，年平均增长率为 4.49%。拉萨市有藏族、汉族、回族等 38 个民族，藏族和其他少数民族人口占 78%以上。拉萨市相对平原地区人口密度较小，常住人口密度仅为 4.77 人/$km^2$[22]，远低于中国其他地区人口密度水平。

拉萨最大的优势、最大的责任、最大的潜力、最大的贡献在生态[23]。拉萨市风景秀丽、历史悠久，素有“日光之城”的美誉。拉萨市生态保护红线总面积为 9 519.57 $km^2$，占市域面积的 32.11%，空气质量优良率连续 4 年保持在 98%以上，2020 年、2021 年及 2022 年前 2 个月空气质量优良率均达 100%，排名稳居全国前 2 位[24]。2021 年，拉萨市公共交通新能源车比例达到 100%，主要江河湖泊、饮用水水源地水质达标率实现 100%[23]。由于其地理位置的特殊性，拉萨市生态环境脆弱，呈现植被生长周期短、环境容量小、土地侵蚀速率高、水土流失严重、易受外界干扰、恢复时间长等特点，人为活动更易对生态环境造成破坏。

### 2.3.2 拉萨市生活垃圾综合处置利用 SD 模型

（1）人口子系统

人口是生活垃圾产生的主体，有人活动的地方就有垃圾的产生。人口子系统中包括城镇人口和农村人口，为了方便研究，本研究中城镇指的是中心城区 30 km 半径内的城关区、达孜区、堆龙德庆区、曲水县及其所管辖的街道；农村指的是较远的郊县，包括墨竹工卡县、当雄县、尼木县、林周县及其所管辖的村落、牧区，如图 2.2 所示。

**表 2.1 拉萨市各项经济指标统计数据**

| 年份（年） | GDP 总量（百万元） | 人均 GDP（元） | 城镇居民人均可支配收入（元） | 城镇居民人均消费性支出（元） | 农村居民人均可支配收入（元） | 农村居民人均消费性支出（元） | 第一产业占比(%) | 第二产业占比(%) | 第三产业占比(%) |
|---|---|---|---|---|---|---|---|---|---|
| 2010 | 17 891 | 31 982 | 16 567 | 11 687 | 5 003 | 2 482 | 5.11 | 31.17 | 63.72 |
| 2011 | 22 209 | 39 280 | 17 654 | 12 787 | 6 019 | 3 851 | 4.50 | 33.86 | 61.64 |
| 2012 | 26 004 | 45 319 | 19 545 | 13 953 | 7 082 | 2 782 | 4.10 | 34.90 | 61.00 |
| 2013 | 30 487 | 51 805 | 21 427 | 15 203 | 8 265 | 4 163 | 3.84 | 35.28 | 60.88 |
| 2014 | 34 745 | 56 690 | 23 057 | 16 410 | 9 258 | 6 239 | 3.72 | 36.77 | 59.51 |
| 2015 | 37 673 | 58 929 | 26 908 | 18 666 | 10 378 | 6 545 | 3.66 | 37.41 | 58.92 |
| 2016 | 42 495 | 63 873 | 29 383 | 21 405 | 11 448 | 6 874 | 3.60 | 38.30 | 58.10 |
| 2017 | 47 925 | 69 628 | 32 408 | 23 756 | 12 994 | 7 728 | 3.66 | 39.52 | 56.82 |
| 2018 | 54 078 | 76 837 | 35 842 | 26 216 | 14 369 | 8 447 | 3.38 | 42.47 | 54.15 |
| 2019 | 61 788 | 85 733 | 39 686 | 28 850 | 16 216 | 9 293 | 3.25 | 38.22 | 58.53 |
| 2020 | 67 816 | 78 139 | 43 640 | — | 18 268 | — | 3.30 | 42.80 | 53.90 |

数据来源：拉萨市 2010—2020 年国民经济和社会发展统计公报；2011—2020 年西藏统计年鉴

**表 2.2 拉萨与其他城市 GDP 及增长速率对比**

| 年份（年） | GDP（亿元） | | | | |
|---|---|---|---|---|---|
| | 拉萨 | 杭州 | 成都 | 郑州 | 长沙 |
| 2010 | 179 | 5 949 | 5 551 | 4 041 | 4 547 |
| 2011 | 222 | 7 019 | 6 855 | 4 980 | 5 619 |
| 2012 | 260 | 7 802 | 8 139 | 5 547 | 6 400 |
| 2013 | 305 | 8 344 | 9 109 | 6 202 | 7 153 |
| 2014 | 347 | 9 206 | 10 057 | 6 800 | 7 825 |
| 2015 | 377 | 10 050 | 10 801 | 7 315 | 8 510 |
| 2016 | 425 | 11 314 | 12 170 | 7 994 | 9 324 |
| 2017 | 479 | 12 603 | 13 889 | 9 130 | 10 536 |
| 2018 | 541 | 13 509 | 15 343 | 10 143 | 11 003 |
| 2019 | 618 | 15 373 | 17 013 | 11 590 | 11 574 |
| 2020 | 678 | 15 419 | 17 717 | 12 003 | 12 143 |
| GDP 平均增长速率（%） | 14.44 | 10.60 | 13.25 | 12.43 | 11.28 |

数据来源：拉萨市、杭州市、成都市、郑州市、长沙市 2010—2020 年国民经济和社会发展统计公报

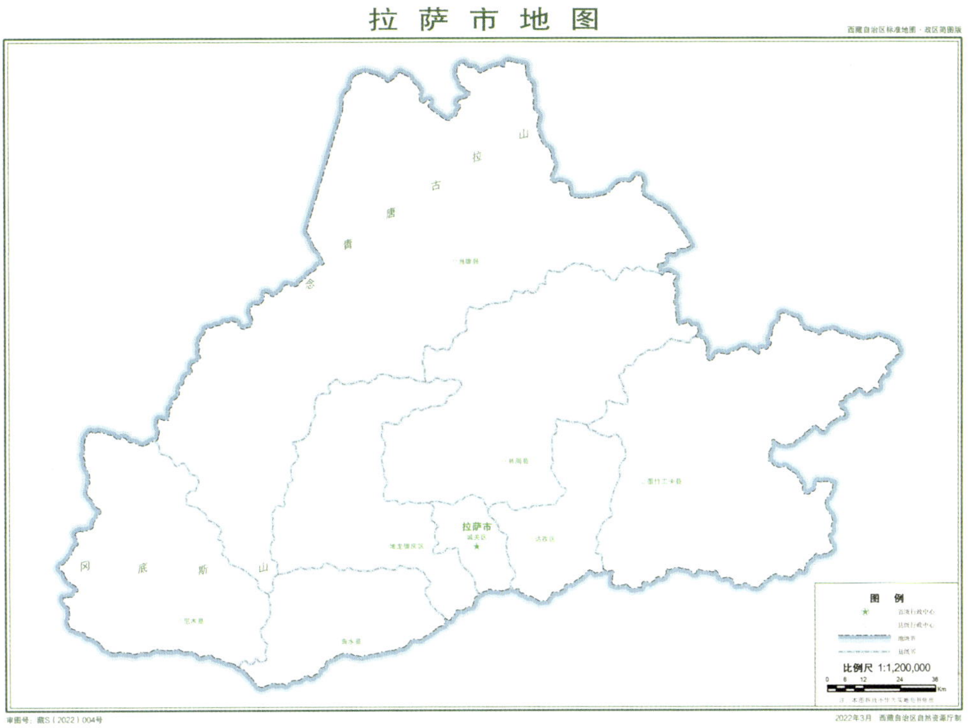


图 2.2　拉萨市地图

拉萨市人口子系统流量存量图如图 2.3 所示，由于拉萨市相关统计数据中人口均为常住人口，因此本系统中人口相关变量也指常住人口。

自 1985 年起，西藏自治区人民政府根据西藏人口发展的实际状况，在藏族干部职工中提倡计划生育，鼓励一对夫妇有间隔地生育 2 个孩子，但对于藏族群众和其他少数民族尤其是农牧区群众，政府只提倡少生、优生和有间隔地生育，未对生育子女数作限制。由于以上原因，尽管目前我国三孩政策已全面放开，但是对于拉萨来说并没有较大影响。2010—2020 年拉萨市总人口年均增长率为 4.49%，因此假设 2021—2030 年人口增长率保持 4.49%不变，总人口（单位：人）和人口增长量（单位：人）的数学关系式为：

$$\text{总人口} = \text{INTEG}（\text{人口增长量}, 559\ 400） \tag{2-1}$$

其中，INTEG 在系统动力学中表示累计加和；559 400 代表初始年 2010 年的人口总量（拉萨市 2010 年国民经济和社会发展统计公报数据）。

$$\text{人口增长量} = \text{人口增长率} \times \text{总人口} \tag{2-2}$$

在人口子系统中，城镇化率（一般采用人口统计学指标，即城镇人口占总人口的比重）受到经济发展水平的影响，将历年城镇化率与 GDP 进行拟合，如图 2.4 所示，拟合参数结果见表 2.3，城镇化率与 GDP（单位：百万元）之间满足对数关系：

$$\text{城镇化率} = A \times \ln(\text{GDP}) + B \tag{2-3}$$

式中，$A = 0.075\ 75$，$B = -0.052\ 27$，拟合优度（$R^2$）为 0.985 57，说明两者之间拟合度较高。除此之外，拉萨在政策指导下借助外部援建拉动城镇化建设，仅 2021 年就安排拉萨援藏项目 124 个，援藏资金 6.9 亿元[25]，涉及城乡住房建设、市政设施建设、民生改善等，使得拉萨市城镇化率逐年攀升，从 2010 年的 43.07%增长到 2020 年的 69.77%（第七次全国人口普查数据）。但是在大规模建设活动中，由于对西藏地区城镇结构形成与发展历史不够了解，对当地地域民族特色和文化价值认识不足，建设者往往忽视了对地域特色的保留[26]，在建设过程中出现“重开发、轻保护”的问题，因此，城镇化率也与政府政策相关。本子系统中引入城市建设政策强度（指政府在城镇化建设方面颁布的法规、采取的管理措施的力度等，大于 1 表示促进城镇化建设，小于 1 表示控制过快城镇化建设）这一变量，假设 2010—2021 年城市建设政策强度为 1，城镇化率与城市建设政策强度以及 GDP 的关系如公式（2-4）所示：

$$城镇化率=城市建设政策强度\times[0.075\,75\times\ln(GDP)-0.052\,27] \quad (2-4)$$

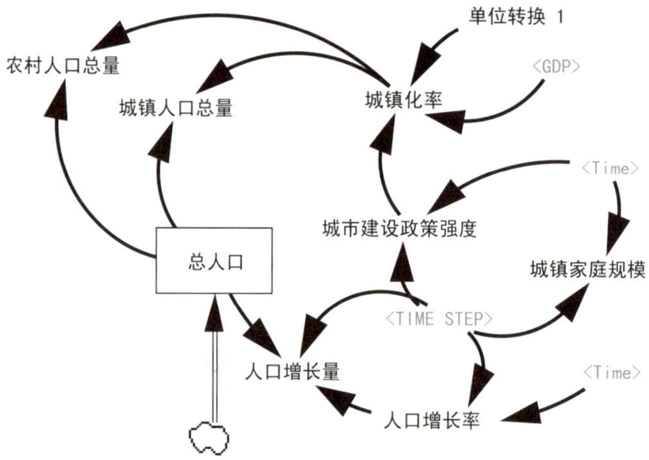


图 2.3　人口子系统流量存量图

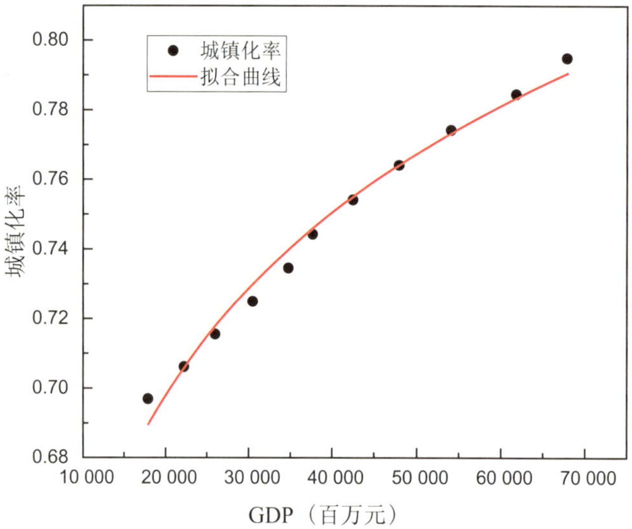


图 2.4　城镇化率与 GDP 的关系

表 2.3　城镇化率与 GDP 的拟合参数

| *A* | | *B* | | Statistics |
|---|---|---|---|---|
| Value | Standard Error | Value | Standard Error | $R^2$ |
| 0.075 75 | 0.002 9 | -0.052 27 | 0.030 5 | 0.985 57 |

(2)经济子系统

经济子系统流量存量图如图 2.5 所示,包含 GDP、城镇人均可支配收入、旅游业收入、教育投入量等相关变量。

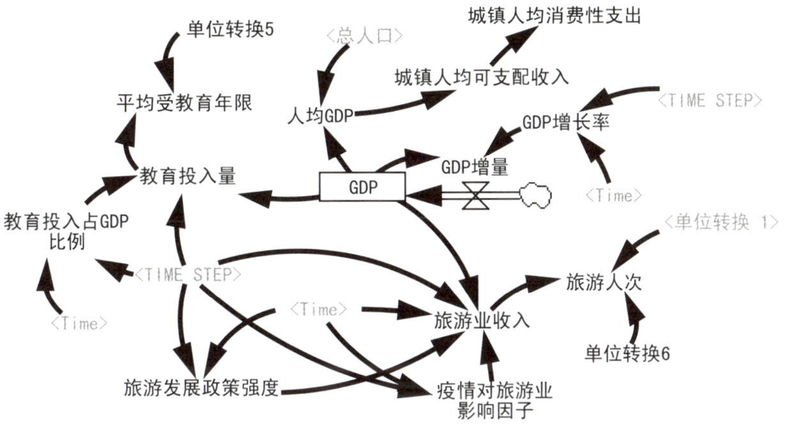


图 2.5　经济子系统流量存量图

通过数据分析,未发现 2010—2020 年 GDP 增长率与其他变量存在相关性,因此取实际值如表 2.4 所示。

表 2.4　2010—2020 年 GDP 增长率

| 年份(年) | GDP 增长率(%) | 年份(年) | GDP 增长率(%) |
|---|---|---|---|
| 2010 | 15.97 | 2016 | 12.80 |
| 2011 | 24.14 | 2017 | 12.78 |
| 2012 | 17.09 | 2018 | 12.84 |
| 2013 | 17.24 | 2019 | 14.26 |
| 2014 | 13.97 | 2020 | 9.76 |
| 2015 | 8.43 | | |

GDP(单位:百万元)与 GDP 增量(单位:百万元)关系如下:

GDP=INTEG(GDP 增量,17 891)　(2-5)

GDP 增量=GDP × GDP 增长率　(2-6)

拉萨市城镇人均可支配收入(单位:百万元)和人均 GDP(单位:百万元)存在相关性,将两个变量进行线性拟合,如图 2.6 所示,两个变量之间满足:

$$城镇人均可支配收入=A\times 人均GDP+B \tag{2-7}$$

由表 2.5 可知 $A = 0.516\,83$，$B = -0.003\,1$，$R^2$ 为 0.935 9，说明两者线性关系明显。

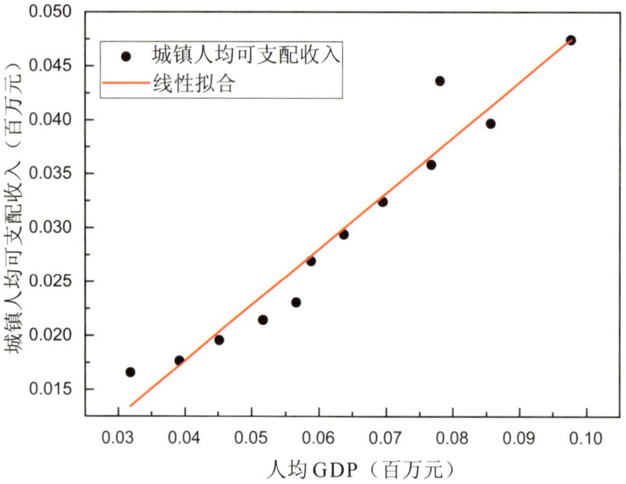


图 2.6　城镇人均可支配收入与人均 GDP 的关系

表 2.5　城镇人均可支配收入与人均 GDP 的拟合参数

| *A* | | *B* | | Statistics |
|---|---|---|---|---|
| Value | Standard Error | Value | Standard Error | $R^2$ |
| 0.516 83 | 0.040 66 | −0.003 1 | 0.002 67 | 0.935 9 |

城镇人均消费性支出（单位：百万元）又与城镇人均可支配收入（单位：百万元）之间存在明显的线性关系（拟合结果见图 2.7、表 2.6）：

$$城镇人均消费性支出=0.745\,8\times 城镇人均可支配收入-0.000\,68 \tag{2-8}$$

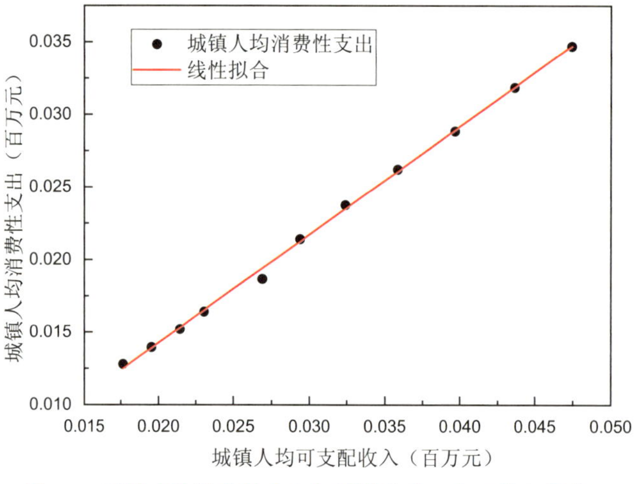


图 2.7　城镇人均消费性支出与城镇人均可支配收入的关系

**表 2.6　城镇人均消费性支出与城镇人均可支配收入的拟合参数**

| *A* | | *B* | | Statistics |
|---|---|---|---|---|
| Value | Standard Error | Value | Standard Error | $R^2$ |
| 0.745 8 | 0.009 18 | 0.000 68 | $2.945\ 52 \times 10^{-4}$ | 0.998 49 |

拉萨市旅游业收入（单位：百万元）与 GDP（单位：百万元）存在相关性，通过对历年数据拟合分析，旅游业收入与 GDP 之间的关系如公式（2-9）所示，2015 年及以前旅游业收入和时间（年份）之间呈现非线性相关，2015 年以后两者具有线性相关性：

$$旅游业收入 = \text{IF THEN ELSE}(\text{Time} \leqslant 2015, (0.010\ 649\ 4 \times \text{Time} \times \text{Time} - 42.830\ 5 \times \text{Time} + 430\ 64.8) \times \text{GDP} \times 旅游开发政策强度, ((0.042\ 5401 \times \text{Time} - 85.324\ 7) \times \text{GDP} \times 疫情对旅游业影响因子 \times 旅游开发政策强度)) \tag{2-9}$$

式中引入了疫情对旅游业的影响因子（小于 1 代表疫情对旅游业产生抑制作用，1 代表无影响）这一变量。2019 年以前该影响因子为 1，2020 年疫情防控对当地旅游业造成一定影响，根据当年旅游业收入实际值和正常发展趋势值的比值，得到 2020 年该影响因子的值为 0.734 112，随着疫情的恢复，该值逐渐趋于 1。除此之外，也引入了旅游开发政策强度（指政府在旅游发展方面颁布的法规、采取的管理措施的力度等，大于 1 代表鼓励大力开发旅游资源，小于 1 代表控制旅游资源开发力度）这一变量。因为政府的政策调控对旅游业旅游资源开发、景区景点建设、旅游基础设施及配套设施建设、旅游人力资源培养等方面起到关键作用[27]，本系统中假设 2010—2021 年城市建设政策强度为 1。旅游人次（单位：人）又与旅游业收入（单位：百万元）之间有明显的指数相关性（拟合结果见图 2.8、表 2.7）：

$$旅游人次 = A \times 旅游业收入^{B} \tag{2-10}$$

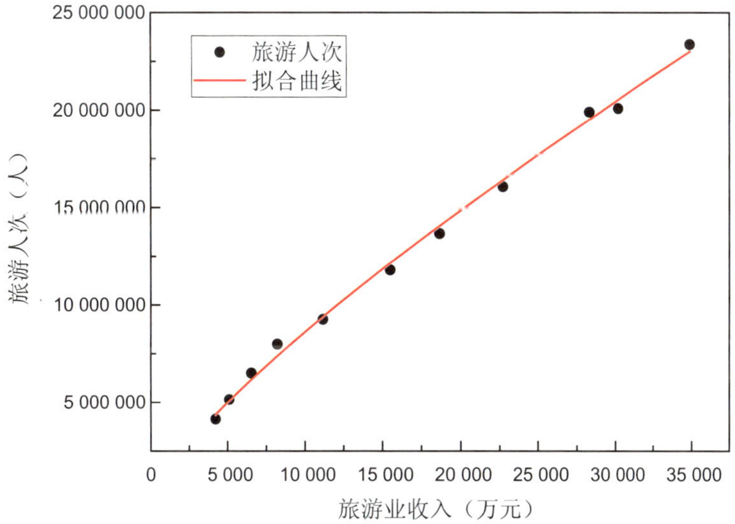


图 2.8　旅游人次与旅游业收入的关系

**表 2.7　旅游人次与旅游业收入的拟合参数**

| *A* | | *B* | | Statistics |
|---|---|---|---|---|
| Value | Standard Error | Value | Standard Error | $R^2$ |
| 6 557.19 | 1 147.590 87 | 0.779 91 | 0.018 43 | 0.996 27 |

2010—2013 年拉萨市教育投入占 GDP 比例约为 5.78%（拉萨市 2010—2013 年国民经济和社会发展统计公报数据），2014—2020 年为 8.16%（拉萨市 2014—2020 年国民经济和社会发展统计公报数据），通过直接赋值法为该变量进行赋值。通过对历年数据分析发现，拉萨市教育投入量与人均受教育年限之间存在线性相关性，但是随着教育投入量的不断增加，人均受教育年限不会无限制增长，而是趋于稳定。根据这种趋势，本研究调用表函数表示两个变量之间的关系，如图 2.9 所示，其中 Input 指教育投入量（单位：百万元），Output 指人均受教育年限（单位：年）。

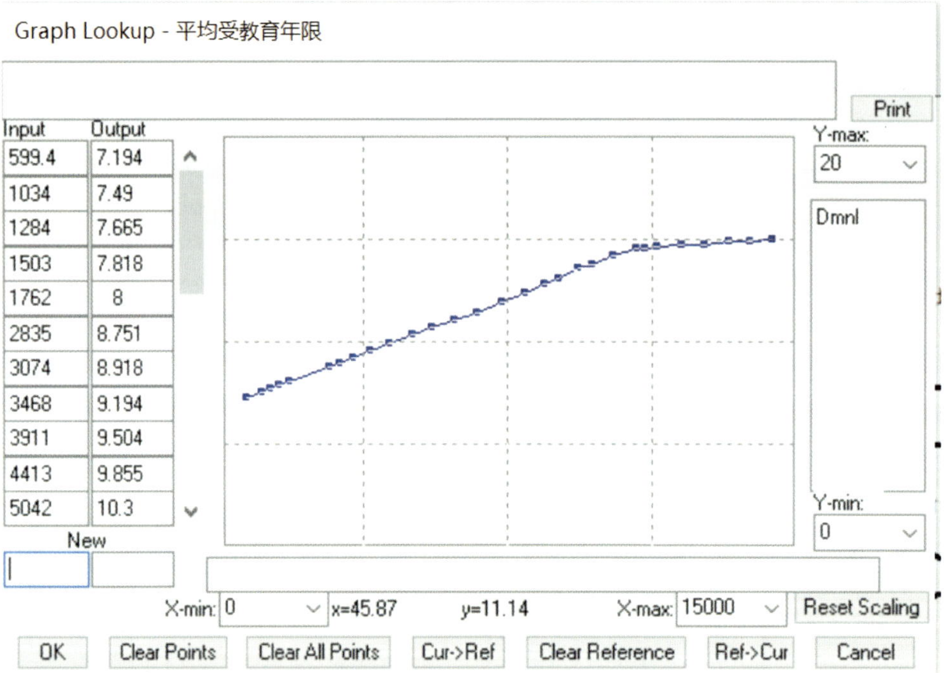


图 2.9　平均受教育年限与教育投入量表函数

（3）生活垃圾产生与分类子系统

生活垃圾产生与分类子系统流量存量图如图 2.10 所示，系统内包含居民日常生活垃圾（包括家庭以及工作场所、商场等产生的生活垃圾）和游客产生的旅游垃圾。由于高寒高海拔地区地域广阔，城镇和农村距离较远，城镇人口相对聚集，农村人口分散，城镇和农村生活垃圾通常进入不同的环卫系统，且人均生活垃圾产生量存在差异，所以本系统将城镇和农村生活垃圾相对独立分开研究。

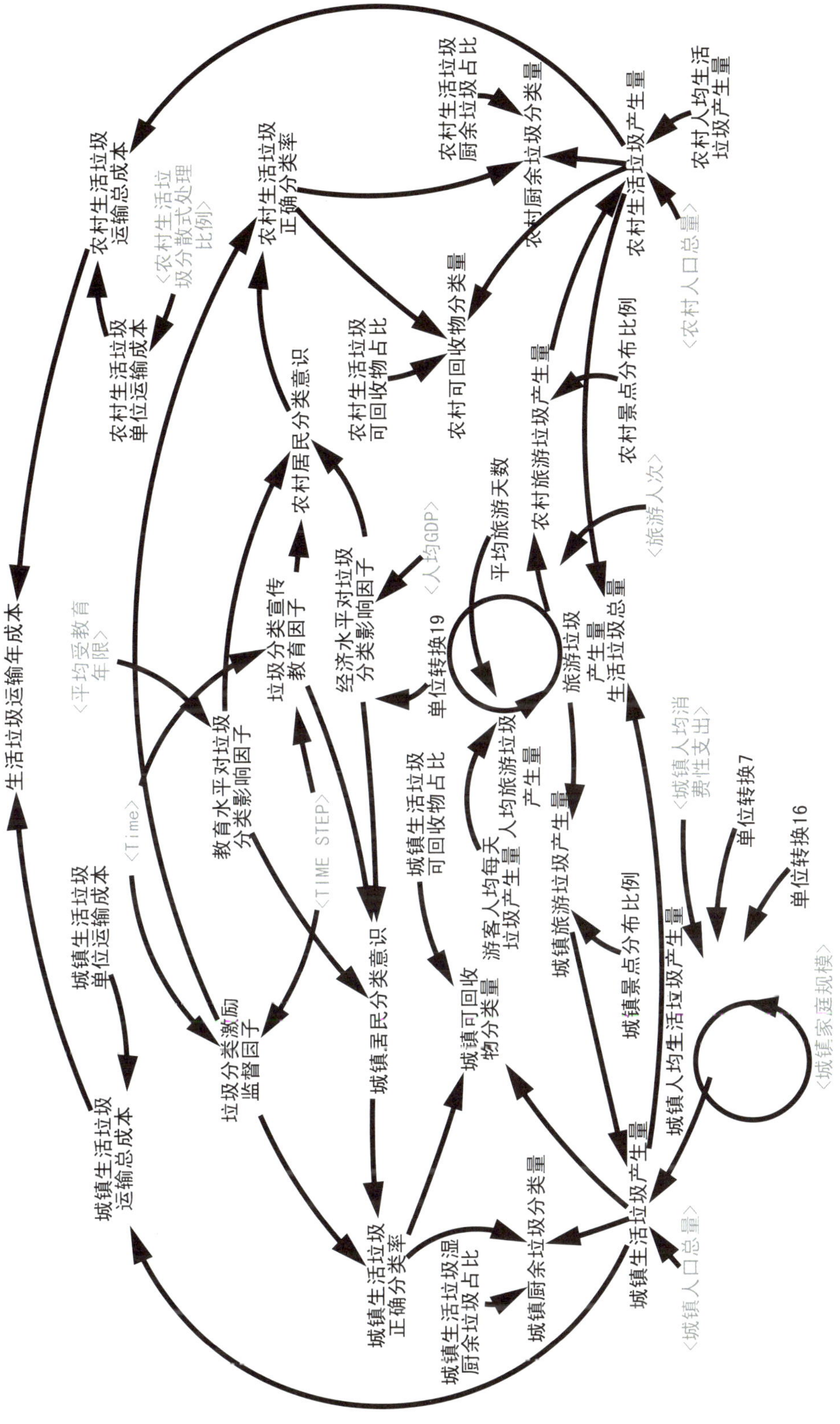


图 2.10　生活垃圾产生与分类子系统流量存量图

拉萨市城镇、农村生活垃圾产生量因果树状图如图 2.11 所示，该图更加直观地显示了与城镇和农村生活垃圾产生量相关的变量，人口总量、人均生活垃圾产生量以及旅游垃圾产生量直接影响城镇和农村生活垃圾产生量。

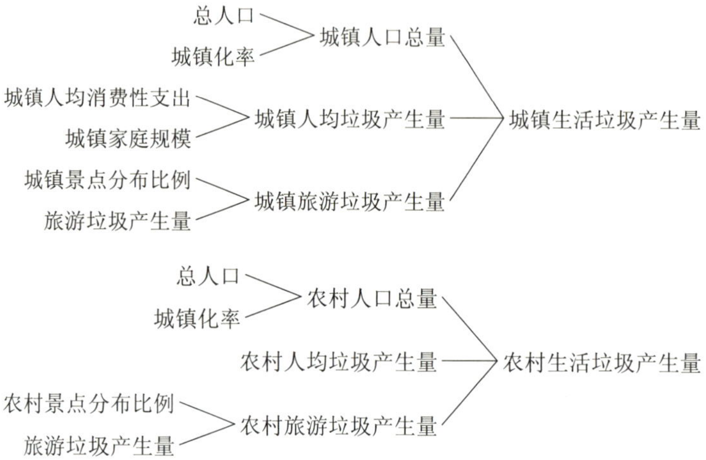


图 2.11　城镇、农村生活垃圾产生量因果树状图

根据参考文献[28-32]中对人均生活垃圾产生量影响因素的分析以及与拉萨市环卫局、农业农村局、住建局等政府部门的座谈调研结果，同时考虑数据的可获得性和对历史数据的分析，选择城镇人均消费性支出、城镇家庭规模作为影响城镇人均生活垃圾年产生量的关键变量。经研究认为，家庭规模对生活垃圾产生量影响比较大，与人均生活垃圾产生量呈负相关，特别在食品、纸张和塑料等材料的集约利用方面，大规模家庭比小规模家庭更具有优势，因为减少了人均废物产生量。高寒高海拔地区目前处于城镇化初级阶段，在此阶段家庭收入水平的增长能够刺激物质消费和物质流动，从而促进了生活垃圾的产生，因此人均消费性支出与人均生活垃圾产生量呈正相关。对拉萨市城镇历年人均消费性支出（单位：百万元）和家庭规模（单位：人）与城镇人均生活垃圾年产生量（单位：$t \cdot (人 \cdot a)^{-1}$）进行拟合，进一步证实了三者之间的关系，如公式（2-11）所示：

$$城镇人均生活垃圾产生量 = A \times 城镇人均消费性支出 + B \times 城镇家庭规模 + C \tag{2-11}$$

拟合参数如表 2.8 所示，调整拟合优度（Adj.$R^2$）[2.4] 为 0.996，可见城镇人均生活垃圾年产生量与人均消费性支出以及家庭规模之间存在高度相关性，Significance $F$ 为 0.000 108，远小于显著性水平 0.05，该回归方程回归效果显著。

表 2.8　城镇人均生活垃圾产生量与人均消费性支出和家庭规模的拟合参数

| *A* | | *B* | | *C* | | Statistics | Significance *F* |
|---|---|---|---|---|---|---|---|
| Value | Standard Error | Value | Standard Error | Value | Standard Error | Adj.$R^2$ | 0.000 108 |
| 2.621 02 | 0.492 | −0.226 266 | 0.016 3 | 0.972 232 | 0.058 8 | 0.996 | |

拉萨市环卫局提供的历史数据显示，农村人均生活垃圾产生量在 0.222 t·(人·a)$^{-1}$ 左右，与历年农村人均消费性支出以及家庭规模不存在显著的相关性，因此在本模型中农村人均生活垃圾年产生量为常值。

拉萨作为世界旅游目的地，游客数量持续增长，2020 年达到 2 008 万人次(数据来源于拉萨市 2020 年国民经济和社会发展统计公报)，人流量的增大直接导致垃圾产生总量的增加。本系统中旅游垃圾产生量(单位：t/a)的数学关系式为：

旅游垃圾产生量 = 平均旅游天数 × 游客人均每天垃圾产生量 × 旅游人次 (2-12)

其中游客平均旅游天数为 6.91 d[33]，游客人均每天垃圾产生量为 0.5 kg[33]。拉萨市旅游景点共计 305 个[34]，72%分布在城镇[34]，28%分布在农村[34]，产生的垃圾分别纳入城镇、农村生活垃圾环卫系统。

值得一提的是，高寒高海拔地区气候较为特殊，但是通过与当地环卫局等部门进行座谈，发现宗教信仰、地理环境、气候、特殊的生活习惯对当地生活垃圾产生量的影响并没有想象中明显，只是对生活垃圾的成分有影响，使其具有容重低、含水率低而可回收物含量高、热值高的典型特征。

在生活垃圾运输环节，拉萨市做到了对生活垃圾全清运，因此生活垃圾产生量等于运输量，城镇、农村生活垃圾运输总成本(单位：元/a)可表示为：

城镇生活垃圾运输总成本 = 城镇生活垃圾运输单位成本 × 城镇生活垃圾产生量 (2-13)

农村生活垃圾运输总成本 = 农村生活垃圾运输单位成本 × 农村生活垃圾产生量 (2-14)

其中，生活垃圾运输单位成本根据环卫局和达孜区转运站提供的数据进行测算，城镇生活垃圾运输单位成本(包括车辆维修、油耗、工人工资等)约 100 元/t，农村生活垃圾运输单位成本约 132 元/t。

对于生活垃圾正确分类率，研究发现[35-36]个体分类意识对垃圾分类有较强的直接促进作用。当居民缺乏垃圾分类知识、环境意识薄弱、分类观念落后时不利于垃圾分类的正常进行。同时外部因素，如激励与监督[37-39]也发挥重要作用，当居民进行垃圾分类可获得一定收益并被监督管理才会主动参与垃圾分类。因此本系统中引入生活垃圾分类激励监督因子(指政府通过激励政策和监督来影响垃圾分类成效)和居民分类意识两个变量，如图 2.12 所示。由于相关参数难以进行量化，课题组通过与拉萨市环卫局、农业农村局等部门工作人员座谈了解当前垃圾分类工作开展的情况和存在的问题，结合当前城镇和农村生活垃圾分类取得的成效，并查阅相关文献[36-37]，估算了居民分类意识和分类激励监督因子的权重，将城镇和农村生活垃圾正确分类率的数学关系式表示为：

城镇生活垃圾正确分类率 = 城镇居民分类意识 × 0.5 + 生活垃圾分类激励监督因子 × 0.5 (2-15)

农村生活垃圾正确分类率 = 农村居民分类意识 × 0.1 + 生活垃圾分类激励监督因子 × 0.15 (2-16)

居民的分类意识又与政府垃圾分类宣传教育、受教育水平(平均受教育年限)有关。调研中发现，随着生活水平的提高，当地居民越来越少参与由拾荒匠、收废品商贩等组成的废品回收体系，而是直接将可回收垃圾与其他垃圾混合投放，因此经济水平在一定程度上削弱了居民的分类意识，本系统中城镇、农村居民分类意识的数学关系式表示为：

城镇居民分类意识 =（教育水平对垃圾分类影响因子 + 生活垃圾分类宣传教育因子）× 经济水平对垃圾分类影响因子 （2-17）

农村居民分类意识 =（教育水平对垃圾分类影响因子 ×0.5 + 生活垃圾分类宣传教育因子 ×0.5）× 经济水平对垃圾分类影响因子 （2-18）

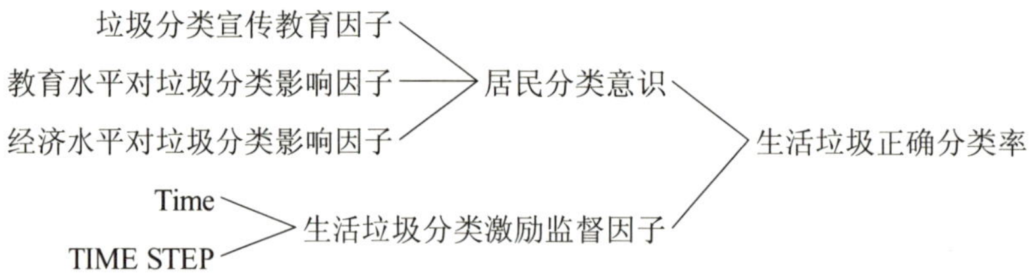


图 2.12 生活垃圾正确分类率因果树状图

（4）生活垃圾处理处置与资源化利用子系统

我国幅员辽阔，地大物博，不同省份、城市及地区之间的资源禀赋、气候条件以及垃圾的特性均有所不同，垃圾处理处置技术手段也各有不同[40]。总体来看，我国目前以焚烧和卫生填埋两种方式为主要处置手段，以堆肥为辅助手段。东部地区由于经济发达，土地资源较为紧张，主要以垃圾焚烧处置为主，填埋场逐步关停；中部地区以填埋和焚烧两种方式并重，目前正大力建设垃圾焚烧厂，预计未来垃圾焚烧处理规模将逐步超过填埋；西部地区垃圾产生总量较少、土地资源丰富、成本较低，更多地采用填埋方式进行垃圾处置。

近年来，拉萨市生活垃圾处理系统不断完善，西藏自治区率先建成生活垃圾焚烧发电厂，城镇生活垃圾焚烧与填埋并存，提高了垃圾处理整体的运行效率。如图 2.13 所示，本研究在生活垃圾处理处置与资源化利用子系统中引入集中式焚烧和填埋两种处理处置方式，而厨余垃圾目前未进行单独处理，考虑到厌氧消化是目前最环保、效益最好的处置方式，也是行业技术的主流发展方向，其主要产物为沼气和沼渣，其中沼气可用专门的沼气发电设施燃烧发电，产生的电能可用于销售或者场内自用，燃烧产生的余热可用于维持处置设施自身所需的热量，沼渣后续可以继续用于生产肥料或者饲料，故厌氧消化属于厨余垃圾资源化的首选路线[40]。拉萨市餐厨垃圾处理厂已经采取这种方式来处理餐厨垃圾，技术较为成熟，餐厨垃圾与厨余垃圾性质有部分相同，可以将处理餐厨垃圾的工程及技术经验用于厨余垃圾处置，因此在本系统中增加城镇厨余垃圾集中式厌氧消化处理方式。

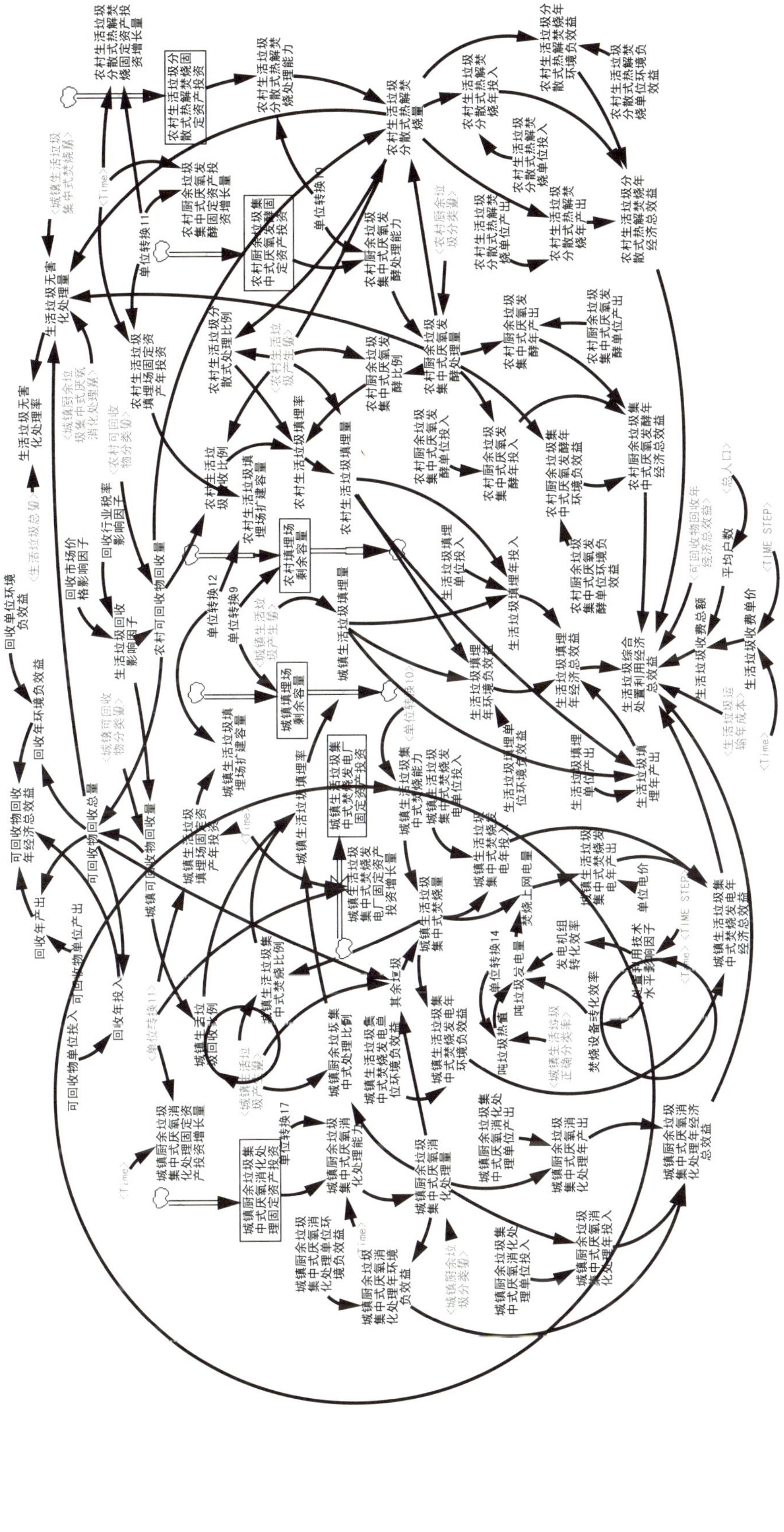

图 2.13　生活垃圾处理处置与资源化利用子系统流量存量图

对于农村生活垃圾，目前所有垃圾均进行简易填埋，处理处置方式单一，考虑到拉萨农村地广人稀，生活垃圾量少（2019 年约 161 t/a，拉萨市环卫局提供数据）且分布分散的特点，在本系统（图 2.13）中增加分散式热解焚烧处理方式。分散式处理能够减少农村生活垃圾的运输距离，在一定程度上降低单位运输成本。本研究假设分散式处理农村生活垃圾时单位运输成本减少 50%。农村生活垃圾中厨余垃圾占比较低，仅占 13.77%[41]，分类后的厨余垃圾数量不足垃圾总量的 0.3%，分散处置后不足以支撑单个设备正常运行，故分散式处理厨余垃圾不适用，在本系统中农村厨余垃圾采用集中式厌氧发酵处理方式。不同处理方式处理量依据逻辑关系构建数学关系式，分别表示为：

城镇生活垃圾集中式焚烧量 = IF THEN ELSE（城镇生活垃圾产生量 − 城镇可回收物回收量 − 城镇厨余垃圾集中式厌氧消化处理量 < 城镇生活垃圾集中式焚烧能力，城镇生活垃圾产生量 − 城镇可回收物回收量 − 城镇厨余垃圾集中式厌氧消化处理量，城镇生活垃圾集中式焚烧能力）　（2-19）

即当城镇生活垃圾产生量除去已回收的城镇可回收物回收量和已集中式厌氧消化处理的城镇厨余垃圾量之后剩余的生活垃圾量小于城镇生活垃圾集中式焚烧能力时，城镇生活垃圾集中式焚烧量实际上等同于剩余的生活垃圾量，代表所有剩余的生活垃圾都能够进行集中焚烧；当城镇生活垃圾产生量除去已回收的城镇可回收物回收量和已集中式厌氧消化处理的城镇厨余垃圾量之后剩余的其他垃圾量大于等于城镇生活垃圾集中式焚烧能力时，由于处理设施处理能力有限，城镇生活垃圾集中式焚烧量实际上等同于城镇生活垃圾集中式焚烧能力。

城镇厨余垃圾集中式厌氧消化处理量 = IF THEN ELSE（城镇厨余垃圾分类量 < 城镇厨余垃圾集中式厌氧消化处理能力，城镇厨余垃圾分类量，城镇厨余垃圾集中式厌氧消化处理能力）　（2-20）

城镇生活垃圾填埋量 = 城镇生活垃圾产生量 × 城镇生活垃圾填埋率　（2-21）

其中，

城镇生活垃圾填埋率 = IF THEN ELSE（1 − 城镇生活垃圾回收比例 − 城镇生活垃圾集中式焚烧比例-城镇厨余垃圾集中式处理比例 < 0，0，1- 城镇生活垃圾回收比例 − 城镇生活垃圾集中式焚烧比例 − 城镇厨余垃圾集中式处理比例）　（2-22）

农村生活垃圾填埋量 = 农村生活垃圾产生量 × 农村生活垃圾填埋率　（2-23）

农村生活垃圾填埋率 = IF THEN ELSE（1 − 农村生活垃圾分散式处理比例 − 农村厨余垃圾集中式厌氧发酵比例 − 农村生活垃圾回收比例 < 0，0，1 − 农村生活垃圾分散式处理比例 − 农村厨余垃圾集中式厌氧发酵比例 − 农村生活垃圾回收比例）　（2-24）

农村生活垃圾分散式热解焚烧量 = IF THEN ELSE（农村生活垃圾产生量 − 农村可回收物回收量 − 农村厨余垃圾集中式厌氧发酵处理量 < 农村生活垃圾分散式热解焚烧处理能力，农村生活垃圾产生量 − 农村可回收物回收量 − 农村厨余垃圾集中式厌氧发酵处理量，农村生活垃圾分散式热解焚烧处理能力）　（2-25）

农村厨余垃圾集中式厌氧发酵处理量 = IF THEN ELSE( 农村厨余垃圾分类量<
农村厨余垃圾集中式厌氧发酵处理能力,农村厨余垃圾分类量,
农村厨余垃圾集中式厌氧发酵处理能力 ) (2-26)

城镇可回收物回收量 = 城镇生活垃圾产生量 × 城镇生活垃圾可回收物占比 × 城镇生活垃圾正确分类率 (2-27)

农村可回收物回收量 = 农村生活垃圾产生量 × 农村生活垃圾可回收物占比 × 农村生活垃圾正确分类率 (2-28)

以上各处理设施处理能力与固定资产投入(包括土地使用费、设备购置费、建筑安装费等)相关,各处理设施处理能力(单位: t/a)根据实际固定资产投资(单位:元)对应的处理规模之间的关系进行换算,以城镇生活垃圾集中式焚烧为例,城镇生活垃圾集中式焚烧发电厂固定资产投资为 4.6 亿元时,焚烧能力为 255 500 t/a(拉萨市生活垃圾焚烧发电厂提供数据),得到城镇生活垃圾集中式焚烧能力与城镇生活垃圾集中式焚烧发电固定资产投资之间的关系如公式(2-29)所示。同理列举其他处理设施处理能力与固定资产投入之间的关系如公式(2-30)~(2-33)。

城镇生活垃圾集中式焚烧能力 = 0.000 6 × 城镇生活垃圾集中式焚烧发电固定资产投资 (2-29)

农村生活垃圾分散式热解焚烧能力 = 0.001 46 × 农村生活垃圾分散式热解焚烧固定资产投资 (2-30)

城镇生活垃圾填埋场扩建容量 = 0.062 85 × 城镇生活垃圾填埋场固定资产投资 (2-31)

城镇厨余垃圾集中式厌氧消化处理能力 = 0.000 278 883 × 城镇厨余垃圾集中式厌氧消化处理固定资产投资 (2-32)

农村厨余垃圾集中式厌氧发酵处理能力 = 0.001 46 × 农村厨余垃圾集中式厌氧发酵固定资产投资 (2-33)

生活垃圾处理处置与资源化利用子系统(图 2.13)中也考虑了各处理处置方式的投入、产出、环境成本,投入包括运营成本(材料费、人工费、设备维护费、飞灰炉渣处理费等)和固定资产投入,环境成本即环境负效益,指生活垃圾处理过程中向自然环境排放的各类污染物对环境造成的危害所产生的损失,如表 2.9 所示。

对于城镇生活垃圾集中式焚烧发电,根据拉萨市生活垃圾焚烧发电厂提供的数据,单位运营成本为 110 元/t,固定资产投入为 4.6 亿元,土地、设备、建筑均按照 20 年折旧,处理量为 700 t/d,一年运行 365 d,则单位固定资产投入为: 460 000 000 ÷ 20 ÷ 700 ÷ 365≈90 元/t,因此城镇生活垃圾集中式焚烧发电单位投入为:单位运行成本+单位固定资产投入=110+90=200 元/t。

表 2.9 各类处理处置方式投入产出及环境负效益

| 处理方式 | 单位投入（元/t） | 单位产出（元/t） | 环境负效益（元/t） |
|---|---|---|---|
| 城镇生活垃圾集中式焚烧发电 | 200 | 吨垃圾发电量 = 发电机组转化效率 × 焚烧设备转化效率 × 吨垃圾热值 | 16.62 |
| 填埋 | 423 | 0 | 25.28 |
| 城镇厨余垃圾集中式厌氧消化 | 269 | 79.2 | 28.29 |
| 农村厨余垃圾集中式厌氧发酵 | 220 | 79.2 | 28.29 |
| 农村生活垃圾分散式热解焚烧 | 220 | 0 | 16.62 |

调研中发现高寒高海拔地区城镇生活垃圾集中式焚烧发电污染物排放与内地一样，均需达到国家标准要求才能进行排放，经过处理后的污染物排放成分和浓度也与内地相似，因此参照上海老港垃圾焚烧厂[31]平均每吨垃圾焚烧产生的环境负效益，取城镇生活垃圾集中式焚烧发电单位环境负效益值为 16.62 元/t；城镇生活垃圾集中式焚烧发电产出为电能，吨垃圾发电量（单位：kW·h）数学关系式为：

$$\text{吨垃圾发电量}=\text{发电机组转化效率}\times\text{焚烧设备转化效率}\times\text{吨垃圾热值} \tag{2-34}$$

其中发电机组转化效率为 90%，焚烧设备转化效率为 17%。当前城镇生活垃圾分类率约为 13.11%（根据拉萨市城市管理与综合执法局网站数据测算），此时厨余垃圾占比 20.45%[41]，吨垃圾热值为 7 877 kJ/kg[42]，农村生活垃圾厨余垃圾占比 13.77%[41]，吨垃圾热值为 10 520 kJ/kg[43]，研究显示[44-45]垃圾分类后厨余垃圾占比减少，垃圾含水率大大降低，垃圾热值提高。经测算当城镇生活垃圾正确分类率达到 67.03%时，厨余垃圾占比可降低到与农村厨余垃圾占比相同的程度即 13.77%，此时生活垃圾低位热值取与农村生活垃圾热值相同值，即 10 520 kJ/kg。根据分类率为 13.11%时吨垃圾热值为 7 877 kJ/kg，分类率为 67.03%时吨垃圾热值为 10 520 kJ/kg，粗略拟合估计分类率与吨垃圾热值（单位：kW·h）之间的关系，得到：

$$\text{吨垃圾热值}=\frac{\text{城镇生活垃圾正确分类率}\times 5\times 10^{6}+7\times 10^{6}}{3.6\times 10^{6}} \tag{2-35}$$

焚烧发电量和城镇生活垃圾集中式焚烧发电年产出的数学关系可表示为公式（2-36）和（2-37），其中根据焚烧厂提供数据，单位电价为 0.65 元/（kW·h）。

$$\text{焚烧发电量}=\text{吨垃圾发电量}\times\text{城镇生活垃圾集中式焚烧量} \tag{2-36}$$

$$\text{城镇生活垃圾集中式焚烧发电年产出}=\text{单位电价}\times\text{焚烧上网电量} \tag{2-37}$$

对于城镇和农村生活垃圾填埋技术，单位投入参照同处于高寒高海拔地区的西宁[46]填埋场数据，即每吨垃圾填埋需投入 423 元，填埋的环境负效益为 25.28 元/t[40]。据拉萨市环卫局提供信息，当前拉萨市各填埋场未对填埋气中的甲烷等气体进行收集并资源化，未有资源产出，故本系统中生活垃圾填埋单位产出为 0。

对于城镇厨余垃圾集中式厌氧消化处理技术，根据拉萨市环卫局提供的数据，拉萨餐厨垃圾处理厂单位运营成本为 170 元/t，固定资产投入总量约 1.08 亿元，规划使用年限 20 a，规划处理规模 150 t/d，年运行天数按 365 d 计算，由此计算出单位固定资产投入为：108 629 600 ÷ 20 ÷ 150 ÷ 365 ≈ 99 元/t。因此餐厨垃圾处理单位投入为 269 元/t，本系统中城镇厨余垃圾集中式厌氧消化处理单位投入按拉萨市餐厨垃圾处理厂单位投入取值即 269 元/t，单位环境负效益和单位产出按其他城市经验值[40]取值，分别为 28.29 元/t 和 79.2 元/t。

对于农村厨余垃圾集中式厌氧发酵处理，根据青海某示范工程（农牧区厨余等有机固废厌氧发酵技术装备）提供的数据，青藏高原单位运营成本为 150~220 元/t，本研究取值 186 元/t，固定资产投入为 125 万元，规划使用年限 20 a，规划处理规模为 5 t/d，年运行天数按 365 d 计算，由此计算出单位固定资产投入为：1 250 000 ÷ 20 ÷ 5 ÷ 365 ≈ 34 元/t。因此农村厨余垃圾集中式厌氧发酵处理单位投入为 220 元/t。由于农村厨余垃圾和城镇厨余垃圾处理的技术方式基本一致，所以农村厨余垃圾集中式厌氧发酵单位环境负效益和单位产出与城镇厨余垃圾集中式厌氧消化处理一致。

对于农村生活垃圾分散式热解焚烧技术，同样根据青海某示范工程提供的数据测算得到单位投入为 220 元/t，在分散式热解焚烧中没有资源产出，故单位产出为 0，单位环境负效益与城镇生活垃圾集中式焚烧发电一致。

在可回收物回收环节，由于可回收物资源化利用过程中涉及的可回收细分品类及工艺较为复杂，因此资源化利用过程不在本模型的边界之内，从可回收物的处置到分拣环节和预处理阶段，不产生环境负效益。可回收物投入指回收企业进行可回收物分拣的固定资产投入和运营成本，产出指经过分拣和预处理的可回收物向下游企业进行销售所产生的收入。拉萨可回收物一般运往四川省等内陆省份，本研究通过网络查询四川省等地的各类废品报价并减去运输成本（800 元/t），得到表 2.10。表 2.10 中列出的可回收物为拉萨市主要可回收物，含量极低或类别不详的可回收物忽略不计。

表 2.10　各类可回收物投入产出情况

| 可回收物种类 | 纸类 | 塑料 | 纺织品 | 玻璃 | 金属 |
|---|---|---|---|---|---|
| 每吨产出（元/t） | 1 200 | 4 200 | 200 | 0 | 1 200 |
| 每吨投入（元/t） | 50.05 | 117.10 | 170.52 | 72.31 | 72.31 |
| 城镇各类可回收物占比（%） | 42.63 | 26.65 | 8.08 | 8.49 | 9.19 |
| 城镇每吨可回收物中各类可回收物投入（元/t） | 21.34 | 31.20 | 13.78 | 6.14 | 6.65 |
| 城镇每吨可回收物投入（元/t） | 79.11 | | | | |
| 城镇每吨可回收物中各类可回收物产出（元/t） | 511.55 | 1 119.20 | 16.16 | 0.00 | 110.33 |
| 城镇每吨可回收物产出（元/t） | 1 757.24 | | | | |
| 农村各类可回收物占比（%） | 18.85 | 35.63 | 7.86 | 24.95 | 2.30 |
| 农村每吨可回收物中各类可回收物投入（元/t） | 9.43 | 41.72 | 13.40 | 18.04 | 1.66 |
| 农村每吨可回收物投入（元/t） | 84.25 | | | | |
| 农村每吨可回收物中各类可回收物产出（元/t） | 226.21 | 1 496.54 | 15.73 | 0.00 | 27.65 |
| 农村每吨可回收物产出（元/t） | 1 766.13 | | | | |
| 平均每吨可回收物投入（元/t） | 81.69 | | | | |
| 平均每吨可回收物产出（元/t） | 1 761.68 | | | | |

通过以上分析,各处理处置方式年经济总效益(单位:元/a)为:

年经济总效益 = 年产出 − 年投入 − 年环境负效益 (2-38)

整个系统生活垃圾综合处置利用经济总效益(单位:元)为:

生活垃圾综合处置利用经济总效益 = 农村厨余垃圾集中式厌氧发酵年经济总效益 + 农村生活垃圾分散式热解焚烧年经济总效益 + 可回收物回收年经济总效益 + 城镇生活垃圾集中式焚烧发电年经济总效益 + 生活垃圾填埋年经济总效益 − 生活垃圾运输年成本 + 生活垃圾收费总额 (2-39)

需要说明的一点是,虽然填埋也属于无害化处理方式,但是由于其环境负效益最大,也无资源产出,因此本系统中无害化处理方式不包括填埋。

### 2.3.3 拉萨市生活垃圾综合处置利用 SD 模型检验

本研究通过 3 次前往拉萨进行现场调研,与拉萨市城市管理与综合执法局、环卫局、农业农村局和西藏自治区经信厅、住建厅等政府部门以及拉萨市焚烧发电厂等生活垃圾处理处置企业展开座谈,了解拉萨市乃至西藏自治区生活垃圾全过程管理相关信息,获取数据,并通过网络调研、查阅年鉴和文献获取大量资料和数据,在此基础上构建的模型准确反映了真实系统的内部结构,数据来源可靠,数学方程的建立和参数值的选取科学准确,直观检验符合要求。同时通过 Vensim 软件中的"Model check"和"Unit check",显示"Model is ok""Units are A.O.K",模型量纲、运行无误。

历史检验通过将模拟结果与 2010—2020 年历史统计值进行比较,研究选取拉萨市 GDP、旅游人次、城镇生活垃圾产生量、农村生活垃圾产生量(城镇生活垃圾产生量、农村生活垃圾产生量部分年份统计数据缺乏)4 个变量进行检验,并将模拟结果与历史统计值进行比较,表 2.11 列出了拟合结果、相对误差以及平均绝对百分比误差,各变量平均绝对百分比误差均小于 7%,具有较高的预测精度。

表 2.11 模拟结果的历史检验

| 年份(年) | 2010 | 2011 | 2012 | 2013 | 2014 | 2015 | 2016 | 2017 | 2018 | 2019 | 2020 |
|---|---|---|---|---|---|---|---|---|---|---|---|
| GDP 统计值(百万元) | 17 891 | 22 209 | 26 004 | 30 487 | 34 745 | 37 673 | 42 495 | 47 925 | 54 078 | 61 788 | 67 816 |
| GDP 模拟值(百万元) | 17 891 | 22 209 | 26 004 | 30 487 | 34 745 | 37 673 | 42 495 | 47 925 | 54 078 | 61 788 | 67 816 |
| GDP 相对误差(%) | 0.00 | 0.00 | 0.00 | 0.00 | 0.00 | 0.00 | 0.00 | 0.00 | 0.00 | 0.00 | 0.00 |
| GDP 平均绝对百分比误差(%) | 0.00 | | | | | | | | | | |
| 旅游人次统计值(1 000 人) | 4 134 | 5 144 | 6 508 | 7 989 | 9 257 | 11 790 | 13 662 | 16 066 | 19 902 | 23 372 | 20 080 |
| 旅游人次模拟值(1 000 人) | 4 433 | 5 089 | 5 993 | 7 509 | 9 584 | 12 007 | 13 975 | 16 504 | 19 380 | 22 860 | 20 443 |
| 旅游人次相对误差(%) | 7.23 | −1.07 | −7.91 | −6.00 | 3.53 | 1.84 | 2.29 | 2.73 | −2.62 | −2.19 | 1.81 |
| 旅游人次平均绝对百分比误差(%) | 3.57 | | | | | | | | | | |

续表

| 年份（年） | 2010 | 2011 | 2012 | 2013 | 2014 | 2015 | 2016 | 2017 | 2018 | 2019 | 2020 |
|---|---|---|---|---|---|---|---|---|---|---|---|
| 城镇生活垃圾产生量统计值（t） | — | — | — | — | — | 201 800 | 213 800 | 235 700 | 306 800 | — | 351 523 |
| 城镇生活垃圾产生量模拟值（t） | 99 514.6 | 118 801 | 138 601 | 161 271 | 185 519 | 209 409 | 234 866 | 262 773 | 292 668 | 326 123 | 342 948 |
| 城镇生活垃圾产生量相对误差（%） | — | — | — | — | — | 3.77 | 9.85 | 11.49 | -4.61 | — | -2.44 |
| 城镇生活垃圾产生量平均绝对百分比误差（%） | 6.43 | | | | | | | | | | |
| 农村生活垃圾产生量统计值（t） | — | — | — | — | — | — | — | 56 800 | 64 820 | 58 800 | — |
| 农村生活垃圾产生量模拟值（t） | 42 820 | 43 061 | 44 029 | 45 506 | 47 766 | 50 890 | 53 084 | 55 771 | 58 726 | 62 028 | 60 124 |
| 农村生活垃圾产生量相对误差（%） | — | — | — | — | — | — | — | -1.81 | -9.40 | 5.49 | — |
| 农村生活垃圾产生量平均绝对百分比误差（%） | 5.57 | | | | | | | | | | |

# 本章参考文献


[1] FORRESTER J W. Industrial dynamics：a major breakthrough for decision makers[J]. Harvard business review，1958，36(4)：37-66.

[2] FORRESTER J W. Industrial dynamics[M]. Cambridge：Productivity Press，1961.

[3] FORRESTER J W. World dynamics[M]. Cambridge：Productivity Press，1973.

[4] XIE T，WEI Y，CHEN W，et al. Parallel evolution and response decision method for public sentiment based on system dynamics[J]. European journal of operational research，2020，287(3)：1131-1148.

[5] KETZER D，SCHLYTER P，WEINBERGER N，et al. Driving and restraining forces for the implementation of the agrophotovoltaics system technology：a system dynamics analysis[J]. Journal of environmental management，2020，270：110864.

[6] LI Q，WANG W，JIANG X，et al. Analysis of the potential of reclaimed water utilization in typical inland cities in northwest China via system dynamics[J]. Journal of environmental management，2020，270：110878.

[7] BABAMIRI A S，PISHVAEE M S，MIRZAMOHAMMADI S. The analysis of financially sustainable management strategies of urban water distribution network under increasing block tariff structure：a system dynamics approach[J]. Sustainable cities and society，2020，60.

[8] SHAKIB M D. Using system dynamics to evaluate policies for industrial clusters development[J]. Computers and industrial engineering，2020，147.

[9] ZHOU Y，ZHAO X，WANG Z. Demand side incentive under renewable portfolio standards：a system dynamics analysis[J]. Energy policy，2020，144.

[10] BARISA A，KIRSANOVS V，SAFRONOVA A. Future transport policy designs for biomethane promotion：a system dynamics model[J]. Journal of environmental management，2020，269.

[11] VAN ACKERE A，SCHULZ P J. Explaining vaccination decisions：a system dynamics model of the interaction between epidemiological and behavioural factors[J]. Socio-economic planning sciences，2020，71.

[12] KOLLIKKATHARA N，FENG H，YU D. A system dynamic modeling approach for evaluating municipal solid waste generation，landfill capacity and related cost management issues[J]. Waste management，2010，30(11)：2194-2203.

[13] XI B，HUO S，ZHANG L，et al. Forecasting municipal solid waste generation with system dynamics modeling in Shenzhen，China[C]. ITESS：2008 proceedings of international conference on informational technology and environmental system science，PT 2，2008：902-908.

[14] ZHANG L，XI B，WANG J，et al. The application of system dynamics method in munici-

pal solid waste generation system[J]. Research of environmental sciences, 2007, 20(5): 72-78.

[15] DYSON B, CHANG N B. Forecasting municipal solid waste generation in a fast-growing urban region with system dynamics modeling[J]. Waste management, 2005, 25(7): 669-679.

[16] ELEYAN D, AL-KHATIB I A, GARFIELD J. System dynamics model for hospital waste characterization and generation in developing countries[J]. Waste management and research, 2013, 31(10): 986-995.

[17] XIAN W, SHAO H, WU J, et al. The simulation of mine solid waste generation in Panzhihua city based on system dynamics[J]. International journal of environment and pollution, 2016, 59: 213-229.

[18] YE G, YUAN H, WANG H. Estimating the generation of construction and demolition waste by using system dynamics: a proposed model[C]. 2010 4th international conference on bioinformatics and biomedical engineering (ICBBE 2010), 2010.

[19] 王其藩. 系统动力学[M]. 北京: 清华大学出版社, 1994.

[20] 王其藩. 高级系统动力学[M]. 北京: 清华大学出版社, 1995.

[21] 强舸. 小麦怎样走上了藏族的餐桌?——西藏的现代化与藏族饮食文化变迁[J]. 开放时代,2015,(3):175-192.

[22] 戚伟,刘盛和,周亮. 青藏高原人口地域分异规律及"胡焕庸线"思想应用[J]. 地理学报,2020,75(2):255-267.

[23] 我市生态文明建设取得显著成效[N]. 拉萨日报,2022-04-12(1).

[24] 涂琼. 在建设生态文明高地上走在前做表率[N]. 拉萨日报,2022-01-04(1).

[25] 拉萨市发展和改革委员会. 2021 年计划援藏项目有序推进[EB/OL].(2021-08-03)[2022-10-22]. http://fgw.lasa.gov.cn/fgw/yzgz/202108/34f673fa30ff445286c4801aaf5004db.shtml.

[26] 石琳. 西藏地区城镇空间结构演变研究[D]. 北京:北京建筑大学,2016.

[27] 殷桂梅. 拉萨旅游业发展中的政府行为研究[D]. 拉萨:西藏大学,2014.

[28] CHHAY L, REYAD M A H, SUY R, et al. Municipal solid waste generation in China: influencing factor analysis and multi-model forecasting[J]. Journal of material cycles and waste management, 2018, 20(3):1761-1770.

[29] LIU C, WU X. Factors influencing municipal solid waste generation in China: a multiple statistical analysis study[J]. Waste management and research, 2011, 29(4):371-378.

[30] CHU Z, WU Y, ZHOU A, et al. Analysis of influence factors on municipal solid waste generation based on the multivariable adjustment[J]. Environmental progress and sustainable energy, 2016, 35(6):1629-1633.

[31] OJEDA-BENITEZ S, ARMIJO-DE VEGA C, MARQUEZ-MONTENEGRO M Y. Household solid waste characterization by family socioeconomic profile as unit of analysis[J]. Resources, conservation and recycling, 2008, 52(7): 992-999.

[32] BANDARA N J G J, HETTIARATCHI J P A, WIRASINGHE S C, et al. Relation of waste

generation and composition to socio-economic factors: a case study[J]. Environmental monitoring and assessment, 2007, 135(1-3): 31-39.
[33] 刘畅,孙彩歌,樊风雷. 基于多源数据的拉萨旅游空间结构分析[J]. 地理空间信息, 2020,18(8):25-30.
[34] 孟凡春. 拉萨城市生活垃圾处理问题研究[D]. 拉萨:西藏大学,2016.
[35] 刘庆健. 中国实施垃圾分类为何这么难? [J]. 生态经济,2018,34(1):10-13.
[36] 娄敏. 城市垃圾源头分类影响因素研究:以天津市市内区为例[J]. 干旱区资源与环境, 2020,34(4):15-21.
[37] 王丹丹,菅利荣,付帅帅. 城市生活垃圾分类回收治理激励监督机制研究[J]. 中国环境科学,2020,40(7):3188-3195.
[38] 尚虎平,刘红梅. 城市社区垃圾分类的绩效及其影响因素测评:一个全面绩效管理视角下的非干涉研究[J]. 甘肃行政学院学报,2020(2):34-45.
[39] 吕维霞,王超杰. 动员方式、环境意识与居民垃圾分类行为研究:基于因果中介分析的实证研究[J]. 中国地质大学学报(社会科学版),2020,20(2):103-113.
[40] 尉薛菲. 中国生活垃圾分类产业的经济学分析[D]. 北京:中国社会科学院研究生院, 2020.
[41] 旦增,布多. 西藏拉萨市市区生活垃圾物理特性分析[J]. 西藏大学学报(自然科学版), 2012,27(1):20-27.
[42] 旦增,韩智勇. 青藏高原地区旱季城市生活垃圾特性研究[J]. 中国沼气, 2012, 30(6): 33-36.
[43] 韩智勇,旦增,孔垂雪. 青藏高原农村固体废物处理现状与分析:以川藏 5 个村为例[J]. 农业环境科学学报,2014,33(3):451-457.
[44] 周颖. 农村生活垃圾分类焚烧处理的环境效益分析[D]. 南昌:江西农业大学,2011.
[45] 任中山,陈瑛,王永明,等. 生活垃圾分类对垃圾焚烧发电产业发展影响的分析[J]. 环境工程,2021,39(6):150-153.
[46] 万君宜,冯心茹,唐其旭,等. 城市生活垃圾无害化处理的成本-效益分析:以我国 25 个城市为例[J]. 资源与产业,2019,21(4):81-89.

# Chapter 3

# 第 3 章 拉萨市生活垃圾全过程管理仿真模拟

从应用系统动力学解决问题的角度来看,运用模型进行决策研究分析是研究的目的,所谓用模型进行政策分析是指借助模型,分析研究某个特定政策的作用是否能改善实际系统中待解决问题的行为,通常有:以模型中某些常数或表函数作为政策参数,调整参数以分析比较政策与方案;引进某政策参数或在模型中增加政策反馈回路两种方式,变动模型结构以分析比较政策方案。本研究主要是以表函数作为政策参数,用表函数表示实际系统中政策的假设。值得一提的是,政策参数的变化范围应该控制在可能达到的边界之内,虽然模型本身并不能确定哪种政策能够被实施,只能给出在不同条件下可能发生什么情况或产生什么后果[1],但是模拟不同政策情景下的系统动态发展趋势是非常必要的,以此探讨发生各种变化所对应的前提条件,为政策的提出和制定提供参考依据。

## 3.1 政策调控方案设定

本研究提出多种政策调控方案,主要依据《拉萨市国民经济和社会发展“十四五”规划和二〇三五年远景目标纲要》(简称《规划》),对拉萨市 2021—2030 年的 GDP 增长率、城市建设政策强度、旅游开发政策强度等社会经济发展参数进行设定,提出多种生活垃圾管理情景,并以《规划》中的参数为基准,分析按照政府规划发展或适当调整参数后不同情景下整个系统的动态发展趋势。

### 3.1.1 社会经济发展相关参数设定

(1)政府规划发展相关参数

《规划》明确提出,“要保持拉萨经济平稳较快增长,到 2025 年实现地区生产总值突破 1 000 亿元,GDP 年均增长率 8%”,因此政府规划发展模式中将 2021—2030 年 GDP 增长率设置为 8%。《规划》还提出“支持拉萨人口和产业向中心城区和较大规模城镇集中”,因此将 2021—2030 年城市建设政策强度设置为 1.1(1 代表当前水平,大于 1 表示促进城镇化建设,小于 1 表示抑制城镇化建设),促进常住人口城镇化率的提高。《规划》将拉萨市定位为世界重要旅游目的地,提出“加大旅游资源开发,丰富文旅业态供给,将拉萨文化旅游产业打造成经济发展的主战场”,因此将 2021—2030 年旅游开发政策强度设置为 1.1(1 代表当前水平,大于 1 代表鼓励大力开发旅游资源,小于 1 代表控制旅游资源开发力度)。《规划》中对劳动年龄人口平均受教育年限也设定了预期目标,“到 2025 年劳动人口平均受教育年限达到 13.6 年”,目前拉萨市劳动人口平均受教育年限为 10 年,经测算,需将教育资金投入占 GDP 比重由当前的 8.16%调整为 9.5%才能实现预期目标,因此将 2021—2030 年的教育资金投入占 GDP 比重设置为 9.5%。在本研究中将此类情景定义为“政府规划发展模式”,是基本研究模式,其他情景模拟均以本模式为基础。

(2)GDP 增长率

在政府规划发展模式基础上保持其他参数不变,改变 GDP 增长率。本研究拟调整为 7%,9%。

(3)城市建设政策强度

在政府规划发展模式基础上保持其他参数不变,改变城市建设政策强度。本研究拟调整为 0.9,1。

(4)旅游开发政策强度

在政府规划发展模式基础上保持其他参数不变,改变旅游开发政策强度。本研究拟调整为 0.9,1。

(5)教育资金投入占 GDP 比重

在政府规划发展模式基础上保持其他参数不变,改变教育资金投入占 GDP 比重,本研究拟调整为 8.5%,10.5%。

### 3.1.2 生活垃圾管理相关情景设定

(1)加强生活垃圾分类情景

自 2018 年起自治区共拨款给拉萨市 8 377.59 万元用于分类垃圾桶和车辆的购置,垃圾分类前端基础设施的配置已经基本到位,当地政府也于 2020 年颁布了《拉萨市城市生活垃圾分类管理办法》,但是垃圾分类的效果甚微,主要原因是缺乏监督以及居民的垃圾分类意识薄弱。本情景中将生活垃圾分类激励监督因子从 2020 年的 0 逐年调整至 1, 0~1 表明垃圾分类监督约束水平从弱到强;根据拉萨市垃圾分类宣传教育现状,设定当前生活垃圾分类宣传教育因子为 0.1,将生活垃圾分类宣传教育因子由 0.1 逐年调整至 1, 0.1~1 表明生活垃圾分类宣传教育水平从弱到强。

(2)垃圾分类处理情景

《拉萨市城市生活垃圾分类管理办法》对拉萨市生活垃圾分类处置提出了具体要求:可回收物应当进行回收、分拣、再利用;厨余垃圾应当进行资源化利用、无害化处理;有害垃圾按照危险废物要求无害化处理;其他垃圾应当采取焚烧、卫生填埋等方式无害化处理。但目前拉萨市分类处理设施还未到位,尤其是农村分类处理处于空白阶段。本情景在加强生活垃圾分类的前提下,根据以上社会经济参数改变的结果适时调整各处理设施固定资产投入来实现分类处理生活垃圾。以生活垃圾产生量以及各类生活垃圾正确分类量为依据,估算各处理设施适宜的处理规模,以此来调整固定资产投入。此情景意味着打破目前混合、集中处理所有垃圾的模式,分类处置各类垃圾,尤其是对于农村来说,引入分散处理模式,与当前的处理模式展开对比,具体参数调整需要根据其他情景的模拟结果来设定。

(3)垃圾收费情景

国家发展和改革委员会出台的《关于创新和完善促进绿色发展价格机制的意见》提出,“健全固体废物处理收费机制,全面建立覆盖成本并合理盈利的固体废物处理收费机制”,对垃圾收费提出了要求。当前拉萨市未建立明确的垃圾收费机制,本情景参考西藏日喀则市的垃圾收费标准[7]。日喀则市自 2022 年开始收费,由 70 元/(户·a)逐年增长至 2030 年的 110 元/(户·a)。

## 3.2　政策模拟结果与分析

### 3.2.1　生活垃圾产生总量模拟结果与分析

图 3.1 显示了拉萨市生活垃圾产生总量和人均生活垃圾产生量 2010—2020 年的模拟结果和政府规划发展模式下 2021—2030 年的预测结果。由图可知，城镇人均生活垃圾产生量远大于农村，在 2010—2020 年保持着较大的增长趋势，2021—2030 年增长趋势放缓，到 2030 年达到 0.46 t/(人·a)，相较中国其他城市来说，处于较低的水平(北京 0.55 t/(人·a)，上海 0.5 t/(人·a)，厦门 0.59 t/(人·a)，杭州 0.5 t/(人·a)……)[3]。这种变化趋势主要是因为在政府规划发展模式下，2021 年之后经济增长相对变缓，间接影响了城镇人均生活垃圾产生量，同时城镇家庭人口数也趋于稳定。从图 3.1 中还可以看出，拉萨市生活垃圾总量增长趋势显著，到 2030 年将达到 859 648 t，是 2020 年的 2 倍左右，其中 2020 年生活垃圾产生总量增长趋势明显变缓，随后又迅速恢复。导致这种增长趋势的原因是拉萨市常住人口总量保持着 4.5%的较大增长速度，三孩政策的全面放开使人口增长速度不会减缓；同时旅游人次增长迅速，到 2030 年将达到 7 700 万人，较 2020 年增长 3 倍左右，其中 2020 年受疫情影响，拉萨作为旅游城市，旅游业受到冲击。根据模拟结果，2021 年拉萨城镇和农村生活垃圾产生量分别为 1 144 t/d 和 145 t/d，到 2030 年分别达到 2 096 t/d 和 259 t/d；4 个农村小型生活垃圾填埋场总设计填埋规模为 81.13 t/d，按照这种生活垃圾增长趋势，农村填埋场将提前达到库容。

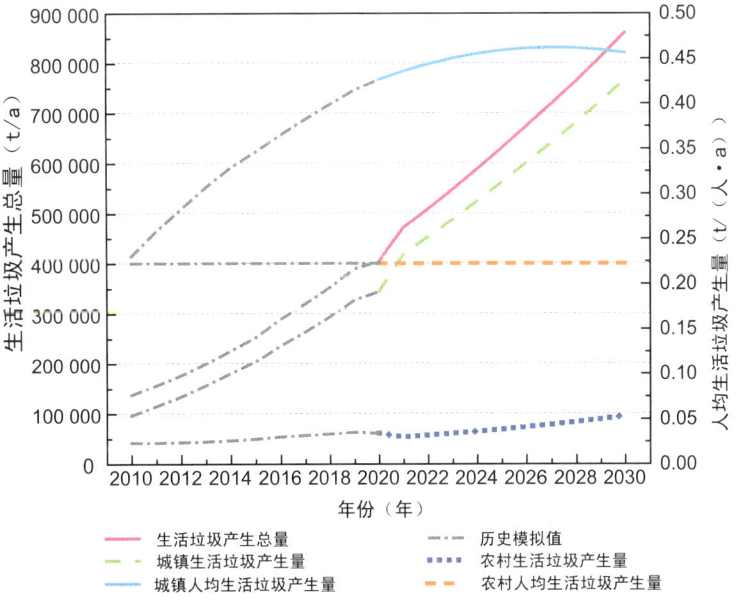


图 3.1　2010—2020 年生活垃圾模拟情况及政府规划发展模式下 2021—2030 年生活垃圾预测情况

同时，由图 3.1 可知，政府规划发展模式下 2021—2030 年拉萨市生活垃圾产生总量远低于中国其他城市(北京 2017 年生活垃圾总量 924 万 t,到 2037 年将增至 1 916.69 万 t[4];成都 2020 年生活垃圾总量 692 万 t,到 2035 年将增至 960 万 t[5];厦门 2017 年生活垃圾总量 189 万 t,到 2030 年将增至 304 万 t[6];烟台 2019 年生活垃圾总量 95 万 t,到 2024 年将增至 138 万 t[7]等),这主要是因为经济水平和人口总量的差异,但是拉萨市 9.68%的生活垃圾产生总量平均增长率却高于其他城市(北京 3.71%[4],成都 2.21%[5],厦门 3.72%[6],烟台 7.75%[7]等)。通过后面 3.2.3 节的分析,农村人均生活垃圾年产生量在 0.222 t/(人·a)左右,变动幅度不大,因此农村人均生活垃圾年产生量在图中为常值。

图 3.2 显示了不同政策调控方案下的拉萨市生活垃圾产生总量动态变化情况。生活垃圾产生总量在各调控方案下均呈现逐年增长的趋势,其中城镇生活垃圾占拉萨市生活垃圾总量的 80%~90%,且增长趋势较快;而农村生活垃圾产生总量变化趋势不明显。一方面是因为城镇人均生活垃圾产生量逐年增长,而农村人均生活垃圾产生量较小且保持在 0.222 t/(人·a);另一方面农村人口相对城镇人口基数小,以政府规划下的发展情景为例,2021 年后农村人口仅占总人口的 10%左右。如图 3.2 所示,在其他参数不变的情况下,以 2030 年为例, GDP 增长率越大,生活垃圾产生总量越大; GDP 增长率每增长 1%,生活垃圾产生总量约增加 34 533 t,原因在于 GDP 增长可促进家庭可支配收入的增加,从而刺激物质消费和物质流动。城市建设政策强度能够在一定程度上影响常住人口城镇化率,城市建设政策强度每上调 0.1,城镇化率增长约 8.5%;城镇化率每增加 1%,生活垃圾产生总量约增加 3 147 t。这是因为城镇人均生活垃圾产生量大于农村人均生活垃圾产生量,且逐年增长;城镇人口越多,生活垃圾产生总量越多。旅游开发政策强度对旅游人次产生影响,旅游开发政策强度每上调 0.1,旅游人次增加 $5.6 \times 10^6$ 人,垃圾产生总量增加 19 136 t。

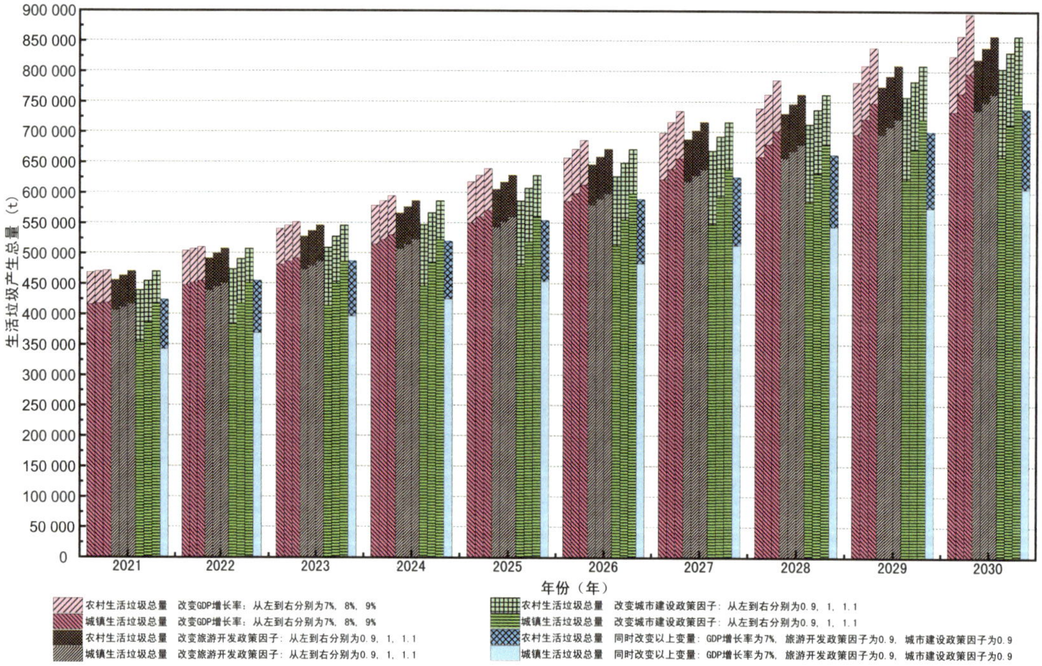


图 3.2　不同政策调控方案下生活垃圾产生量

基于以上分析可知，模拟结果基本随着参数的改变递增或递减。如果我们同时选择每种调控方案中的最优值，即 GDP 增长率为 7%、旅游开发政策强度为 0.9、城市建设政策强度为 0.9 来进行模拟，在多个参数的影响下，可以看到生活垃圾产生总量增长趋势明显减缓，2030 年生活垃圾产生总量 739 617 t，较政府规划发展模式减少 14%左右。可见，综合调整以上参数能够实现较好的垃圾减量效果，本研究中将此方案称为优化发展模式。

对上述“政府规划发展模式”和“优化发展模式”2 种模式及“加强生活垃圾分类情景”“垃圾分类处理情景”和“垃圾收费情景”3 种情景进行组合，可组成以下 12 种情景。

（1）政府规划发展模式

情景 1 现状情景。

情景 2 加强垃圾分类情景。

情景 3 加强垃圾分类+分类处理情景。

情景 4 垃圾收费情景。

情景 5 加强垃圾分类+垃圾收费情景。

情景 6 加强垃圾分类+分类处理+垃圾收费情景。

（2）优化发展模式

情景 7 基本情景，即在优化发展模式下沿用 2016—2020 年生活垃圾管理方式。

情景 8 加强垃圾分类情景。

情景 9 加强垃圾分类+分类处理情景。

情景 10 垃圾收费情景。

情景 11 加强垃圾分类+垃圾收费情景。

情景 12 加强垃圾分类+分类处理+垃圾收费情景。

后续研究将围绕此 12 种情景展开。

### 3.2.2 生活垃圾分类模拟结果与分析

城镇/农村生活垃圾正确分类率指城镇/农村居民正确投放生活垃圾的量占城镇/农村生活垃圾总量的比例，图 3.3 和图 3.4 分别显示了不同 GDP 增长率和教育投资占 GDP 比重条件下拉萨市城镇以及农村生活垃圾正确分类率的变化情况。当 GDP 增长率为 7%时，城镇和农村的生活垃圾正确分类率分别为 16.91%和 2.86%，略高于其他参数条件下的生活垃圾正确分类率；在 GDP 增长率为 9%时，城镇和农村的生活垃圾正确分类率分别为 16.53%和 2.82%，相对其他参数条件下最低，这也印证了前述分析得到的经济水平越高在一定程度上削弱了居民分类意识。但是从整体上看，不同 GDP 增长率和不同教育投资占 GDP 比重条件下生活垃圾正确分类率增长趋势基本一致，城镇生活垃圾正确分类率到 2030 年均低于 17%，农村生活垃圾正确分率类均低于 3%，这意味着虽然教育水平和经济水平对生活垃圾分类有影响，但是这种影响很小。图 3.5 显示了加强生活垃圾分类情景下的城镇和农村生活垃圾分类情况。可见，生活垃圾正确分类率呈显著增长趋势，到 2030 年，城镇生活垃圾正确分类率达到 77.15%，农村生活垃圾正确分类率达到 17.14%。城镇生活垃圾正确分类率明显高于农村，这是由于高寒高海拔地区城镇人口聚集，生活垃圾分类管理方便；而农村人口分散，根据实际调查情况，农村生活垃圾分类的宣传和实施也存在很大困难，使得生活垃圾分类工作有一定的局限性和不现实性。

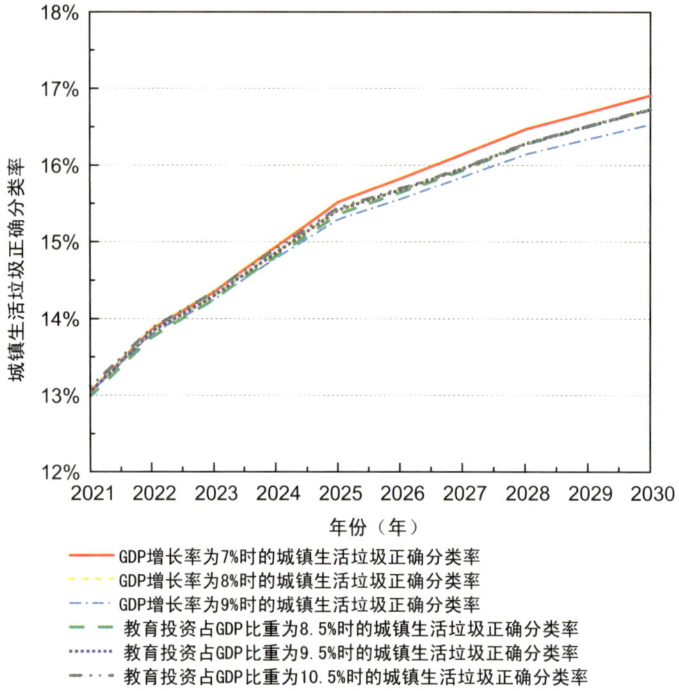


图 3.3　不同 GDP 增长率和教育投资占 GDP 比重条件下城镇生活垃圾正确分类率

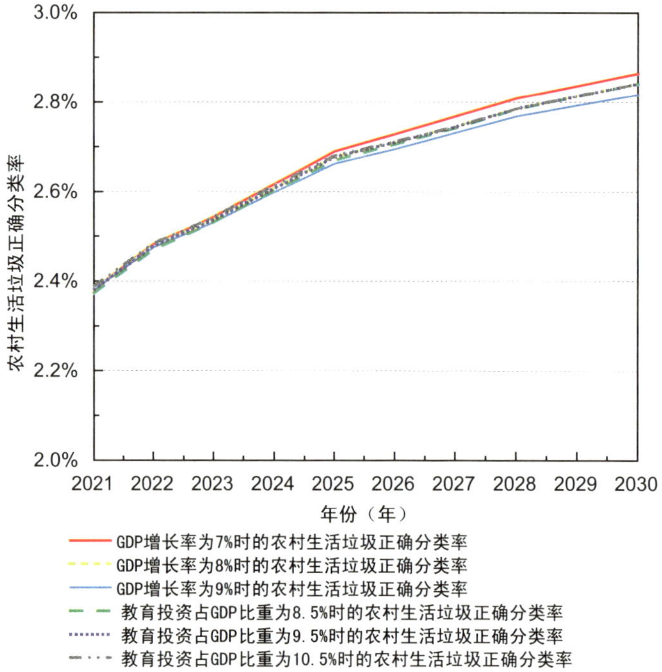


图 3.4　不同 GDP 增长率和教育投资占 GDP 比重条件下农村生活垃圾正确分类率

拉萨城镇生活垃圾中，可回收物和厨余垃圾分别占 55.69%和 20.45%，农村可回收垃圾和厨余垃圾分别占 68.03%和 13.77%[8-9]，可回收物含量普遍高于我国其他地区[10]（华东地区 28.74%，华南地区 33.64%，华北地区 38.48%），这可能与旅游业是拉萨的支柱产业、拉萨游客数量众多有关，因为游客产生的生活垃圾中多数为可回收物，比如塑料瓶、外卖餐盒、购物袋等。假设处理设施已经完善，在加强生活垃圾分类情景下，2030 年 15.78%的城镇生活垃圾、2.36%的农村生活垃圾将进入厨余垃圾处理系统，42.96%的城镇生活垃圾、11.66%的农村生活垃圾将被回收，这将给拉萨市厨余垃圾处理设施和生活垃圾回收市场带来巨大商机。由图 3.5 可知，在优化发展模式下加强垃圾分类，厨余垃圾正确分类量和可回收物正确分类量的和小于政府规划发展模式，这是因为优化发展模式下生活垃圾产生总量最小。

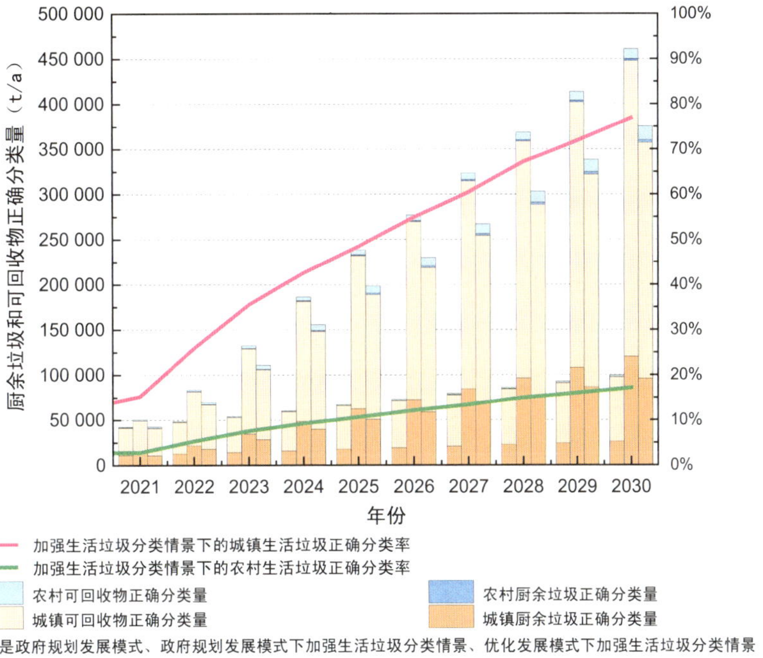


图 3.5　加强生活垃圾分类情景下的城镇、农村生活垃圾分类情况

### 3.2.3　生活垃圾无害化处理模拟结果与分析

不同政策调控方案下生活垃圾无害化处理模拟结果如图 3.6 所示。其中垃圾分类处理情景是根据生活垃圾分类结果增加各处理设施固定资产投入，以此来增加处理能力。由分析结果可知，加强垃圾分类后，在 2022 年约 2.2 万 t 城镇厨余垃圾被分离出来，到 2025 年将有约 6 万 t 厨余垃圾被分离出来，因此在垃圾分类处理情景中扩建已有餐厨垃圾处理厂或建设单独的厨余垃圾处理厂是必要的。依据公式（2-32），建议 2025 年增加固定资产投入 2 亿元以满足对城镇厨余垃圾的处理需求；到 2024 年约有 900 t 农村厨余垃圾被分离出来，依据公式（2-33），建议在 2024 年应投入农村厨余垃圾集中式厌氧发酵固定资产 125 万元以满足需求。除去已被分离出的厨余垃圾和可回收物，到 2027 年剩余约 6.8 万 t。依据公式（2-30），建议 2027 年可投入农村分散式热解焚烧固定资产 1 250 万元。

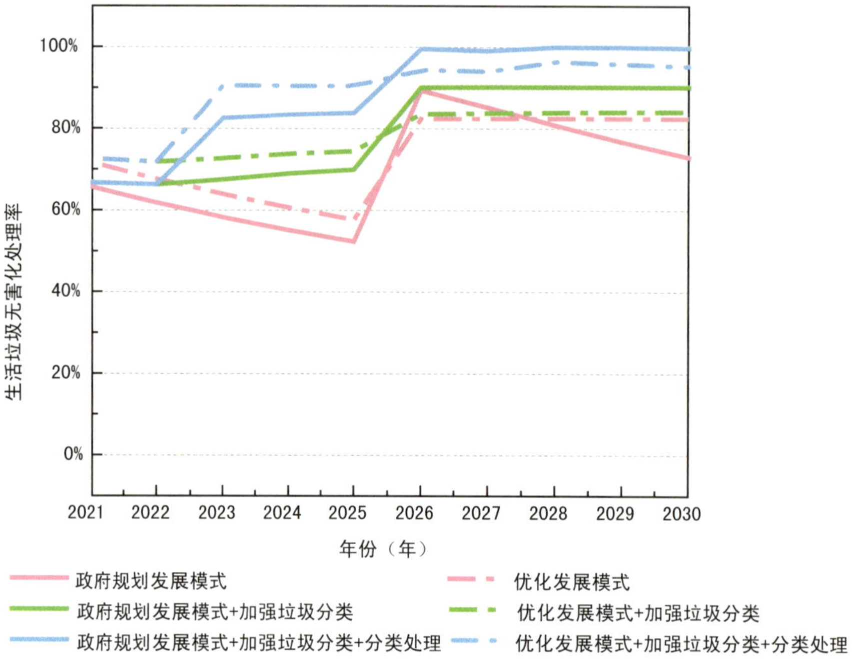


图 3.6 不同政策调控方案下生活垃圾无害化处理率

由图 3.7 可知，2018 年以前拉萨市生活垃圾处理方式仅为填埋，2018 年焚烧发电项目正式运行。生活垃圾焚烧发电项目的建成使用解决了传统垃圾直接填埋方式对周围环境造成的重大污染问题，使拉萨市生活垃圾无害化处理率显著提高至 82.3%。2026 年焚烧发电厂二期工程将正式运行，无害化处理率会进一步提高，如图 3.6 所示，这一变化趋势符合实际系统的发展。

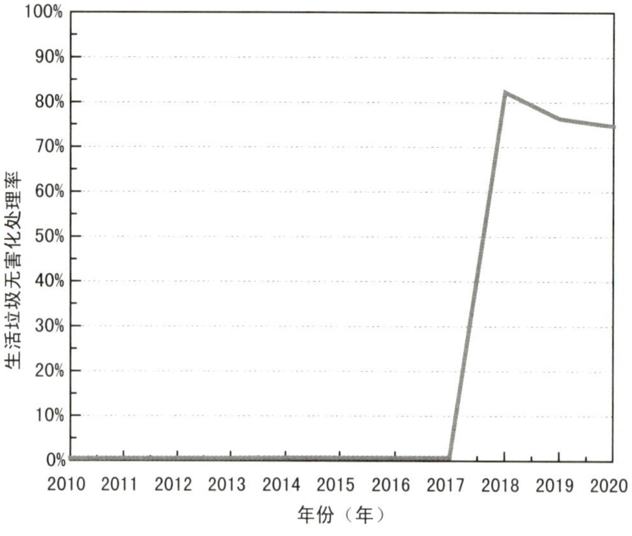


图 3.7 2010—2020 年拉萨市生活垃圾无害化处理率模拟结果

在政府规划发展模式下，2021 年后由于生活垃圾产生量逐年增加而焚烧发电厂处理能力不变,使得无害化处理率逐年下降。2026 年二期工程的运行将使政府规划发展模式下无害化处理率提高到 89.4%,但是由于 2027 年后城镇其余生活垃圾量(指城镇生活垃圾产生量除去城镇可回收物回收量和城镇厨余垃圾集中式厌氧消化处理量余量,经测算 2027 年为 577 344 t)依旧大于处理能力(1500 × 365 = 547 500 t/a)(图 3.8),因此随着生活垃圾产生量的增加以及有限的焚烧能力,无害化处理率又逐年下降(图 3.6)。而在优化发展模式下,由于生活垃圾产生量增长速度变缓,2030 年以前城镇其余生活垃圾量(2030 年 544 636 t)小于焚烧发电厂处理能力(图 3.8),焚烧发电厂能够满足该模式下城镇生活垃圾产生量的处理需求,因此在优化发展模式下 2026 年以后无害化处理率缓慢上升(图 3.6)。

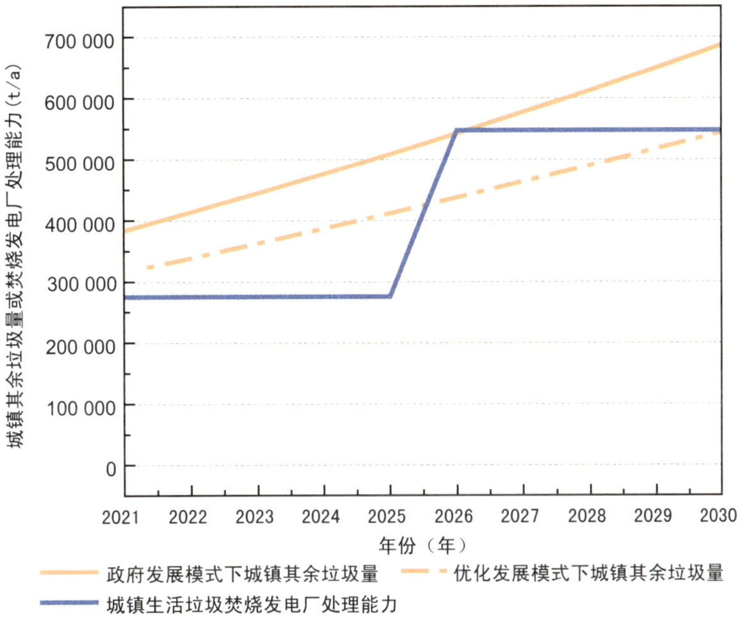


图 3.8　生活垃圾焚烧发电厂处理能力与城镇其余垃圾量

从整体上看,加强垃圾分类后无论是政府规划发展模式还是优化发展模式,无害化处理率都得到提升,因为加强垃圾分类后,可回收物回收比例(指可回收物回收总量/生活垃圾产生总量)大幅度提高(图 3.9),可回收物回收比例由不足 10%提高到 35%以上。值得一提的是,此情景虽然未进行垃圾分类处理,但是加强垃圾分类后分离出来的可回收物不再混装混运,而是被回收,但厨余垃圾可能被混装混运。

在加强垃圾分类后如果进一步进行分类处理,无害化处理率将进一步提升。如图 3.6 所示,对于政府规划发展模式+加强垃圾分类+分类处理,2026 年无害化处理率即达到 100%;对于优化发展模式+加强垃圾分类+分类处理,2026 年无害化处理率达到 95%。这是分类处理使得厨余垃圾与其他垃圾分离开进行单独无害化处理的结果。对于城镇焚烧发电厂来说,进行分类处理后,焚烧发电厂能够满足对其他垃圾的焚烧需求,且农村引入分散式热解焚烧装置,又大大减少了城镇和农村垃圾填埋量,使得整体无害化处理率得到提升。

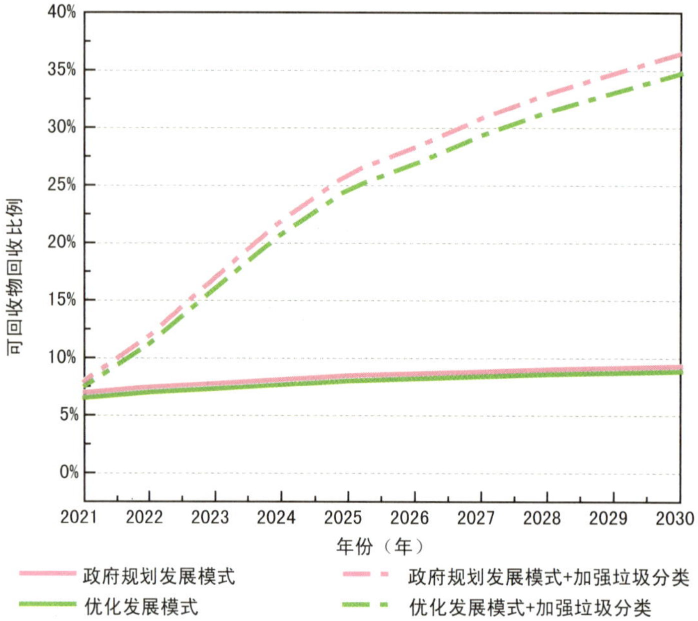


图 3.9　不同政策调控方案下可回收物回收比例

根据以上分析可知，如果仅按照政府规划发展模式发展而不加强垃圾分类以及分类处理的话，尽管拉萨市对城镇生活垃圾焚烧发电厂进行了扩建，但依然不能满足该模式下的生活垃圾增长需求，而适度平稳发展经济、采取措施减缓城镇化建设速度、控制当地旅游业过快发展却可使生活垃圾产生总量增长趋势减缓，此时扩建后的焚烧发电厂就能够满足需求。除此之外，不论何种发展模式，加强垃圾分类并进行分类处理十分必要，它能够最大限度推进生活垃圾资源化利用和无害化处理，符合循环经济和生态文明建设要求。

### 3.2.4　生活垃圾综合处置利用经济总效益模拟结果与分析

如图 3.10 所示，2010—2020 年拉萨市生活垃圾综合处置利用经济总效益始终为负。不同调控方案下拉萨市生活垃圾综合处置利用经济总效益模拟结果如图 3.11 所示，施行垃圾收费制度时，2025 年以后可基本实现盈亏持平，这符合国家发展和改革委员会出台的《关于创新和完善促进绿色发展价格机制的意见》提出的垃圾收费覆盖成本的初步要求。在加强垃圾分类后，生活垃圾综合处置利用系统实现了稳定盈利，以政府规划发展模式+加强垃圾分类这一情景为例，2030 年经济总效益可达 4.35 亿元。在加强垃圾分类的前提下分类处理生活垃圾，整个系统经济总效益与只加强垃圾分类情景下的结果基本相同，虽然并没有更大程度提升，但是也实现了较好的经济效益。另外，总体上讲政府规划发展模式下加强垃圾分类或采取分类处理，所产生的经济总效益略高于优化发展模式，这是因为政府规划发展模式生活垃圾产生量较大（图 3.2），相应的无害化处理规模也较大（图 3.12），产生的经济效益相对较高。

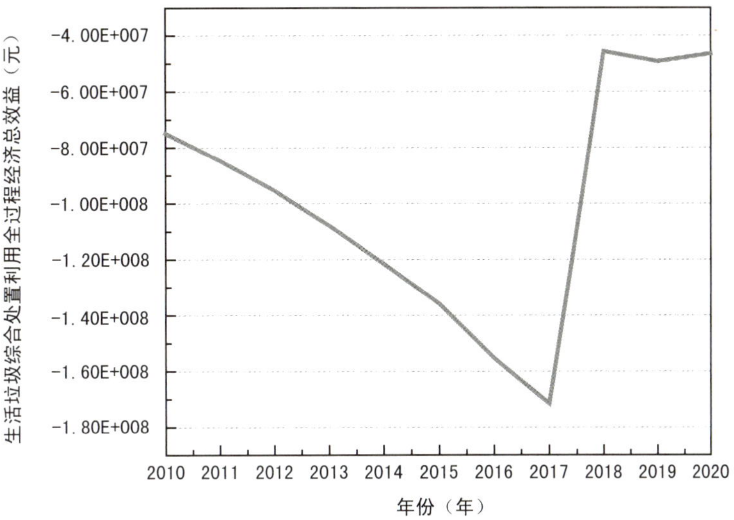


图 3.10　2010—2020 年拉萨市生活垃圾综合处置利用全过程经济总效益模拟结果

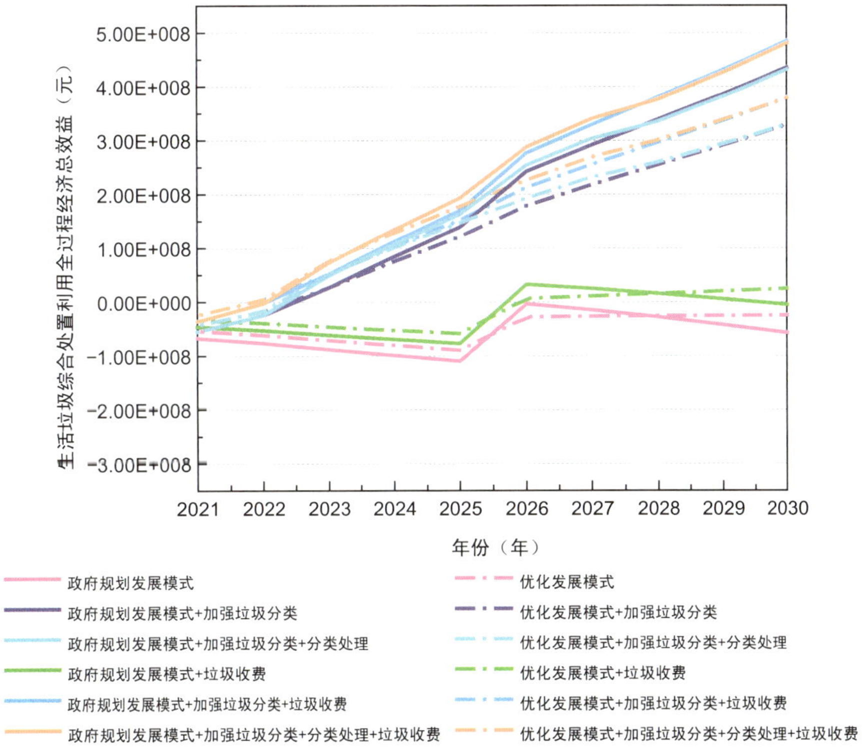


图 3.11　不同政策调控方案下生活垃圾综合处置利用全过程经济总效益

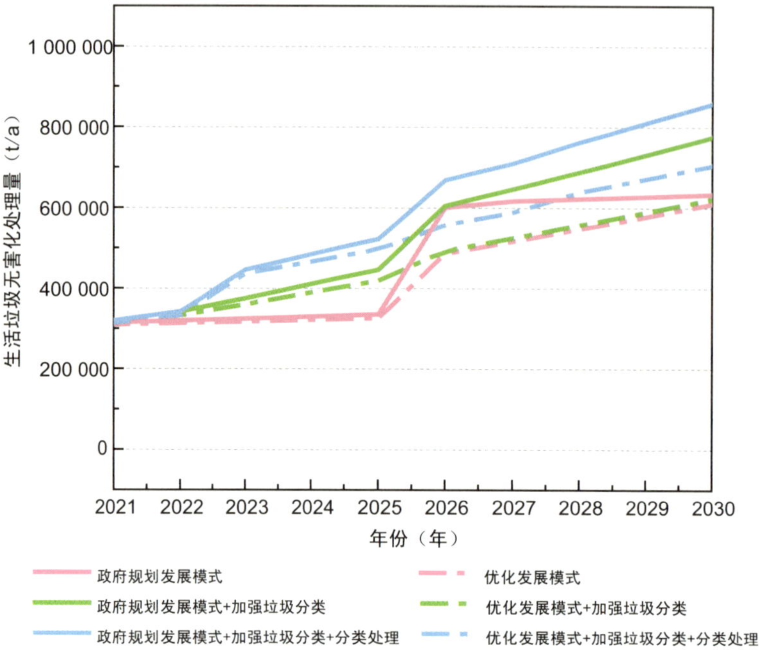


图 3.12 不同政策调控方案下生活垃圾无害化处理量

根据以上分析可知，加强生活垃圾分类以及分类处理生活垃圾虽然增加了投入，但同时也带来了更大的产出，使得整个系统经济总效益得到提升，实现了生活垃圾综合处理利用产业链的整体盈利，这意味着分类处理生活垃圾、分散处理农村生活垃圾相对目前混合处理生活垃圾、集中处理农村生活垃圾是更好的选择，将更有利于生活垃圾管理系统的健康可持续发展，为高寒高海拔地区生活垃圾更多处理处置新技术、管理新模式的开发提供可能，实现整个系统的良性循环。

# 本章参考文献

[1] 王其藩. 系统动力学[M]. 上海:上海财经大学出版社,2009:35-37.

[2] 于萍萍,苏立彬,张红锋,等. 西藏日喀则市生活垃圾处理收费情况及居民认知度调查分析[J]. 科学咨询(科技·管理),2015(1):19.

[3] 桂杉杉. 基于时空因素的生活垃圾库兹涅茨曲线验证[D]. 杭州:浙江工商大学,2020.

[4] 葛莉,常裕琦,胡金森. 北京市生活垃圾与人口总量的实证分析及清运量预测[J]. 山西师范大学学报(自然科学版),2020,34(3):100-108.

[5] 郭卫广,雍毅,吴怡,等. 成都市生活垃圾产量预测及政策建议[J]. 能源环境保护, 2020, 34(6):100-104.

[6] 唐睿, 王晨, 陈雅萌, 等. 厦门市城市生活垃圾的系统动力学预测管控体系[J]. 环境科学学报,2019,39(6):2071-2078.

[7] 张万里,郑永浩, 邢万丽, 等. 基于 ARIMA 模型的环渤海典型城市生活垃圾产量预测研究[J]. 环境工程技术学报,2022,12(3):861-868.

[8] 旦增,布多. 西藏拉萨市市区生活垃圾物理特性分析[J]. 西藏大学学报(自然科学版),2012,27(1):20-27.

[9] 旦增,韩智勇. 青藏高原地区旱季城市生活垃圾特性研究[J]. 中国沼气, 2012, 30(6):33-36.

[10] 魏潇潇,王小铭,李蕾,等.1979—2016 年中国城市生活垃圾产生和处理时空特征[J]. 中国环境科学,2018,38(10):3833-3843.

# Chapter 4

# 第 4 章 拉萨市生活垃圾全过程管理效率评价指标体系构建

## 4.1 生活垃圾全过程管理效率评价方法概述

### 4.1.1 数据包络分析法(DEA)理论及模型简介

数据包络分析法(data envelopment analysis, DEA)是一种可对多投入多产出的同种决策单元进行效率评价的非参数方法。与其他方法相比,如层次分析法、随机前沿分析法(stochastic frontier analysis, SFA),DEA 方法可以依据数据本身获得投入和产出的权重,克服了通过专家咨询研讨等主观形式确定权重而导致的误差;对不同类型的投入或产出指标的量纲没有限制;也不需要预先确定投入产出间存在的某种显性关系,可以避免因为模型构建不准确而导致的误差[1]。因此本研究利用 DEA 方法开展生活垃圾全过程管理效率评价研究。

**1)基本概念**

(1)决策单元

决策单元(decision making unit, DMU)是指将一定的"输入"转换成一定的"输出"的实体,如一家企业、一座学校[2-3]。由于从"输入"到产出需要一系列过程才能实现,故这样的实体被称为决策单元(DMU)。根据 DEA 理论,同一效率评价的决策单元必须具有同质性,即投入、产出指标相同,外部环境相同,目标相同[4]。在本书中,将 2021—2030 年 12 种情景下的每年每种情景的生活垃圾全过程管理称为一个决策单元(DMU),如 2021 年情景 1 现状情景下的生活垃圾全过程管理可以被称为 1 个 DMU,故本书共有 120 个 DMU。

(2)生产可能集

将每个 DMU 的投入产出指标记为一个向量,则生产可能集是指在既定水平下所有可能的投入产出向量所构成的集合[5]。本书中的生产可能集是指 120 个 DMU 所有可能的投入产出向量的集合。

(3)生产前沿面

生产前沿面是指在既定水平下能达到 DEA 有效投入产出向量的集合,即投入一定下的产出最大值的向量的集合或产出一定下的投入最小值的向量的集合[5]。本书中是指生产可能集中投入产出比值最大的向量的集合。

(4)效率

DEA 模型中的效率是指在一定约束条件下,通过调整各指标的权重,使各产出指标的加权和与各投入指标的加权和的比值最大化来确定的。该效率值的大小并不代表 DMU 实际"生产"能力的大小,而是衡量某 DMU"生产"能力与相应的前沿"生产"能力之间差距的指标。效率越小差距越大,效率越大差距越小,当效率为 1 时,则称 DMU 有效,即该 DMU 位于生产前沿面上,其生产能力在所有 DMU 中最优。

本书中的效率是指生活垃圾全过程管理效率,是衡量某年份某情景下生活垃圾全过程管理水平与相应前沿管理水平(即可能实现的最佳管理水平)之间差距的指标。效率越小差距越大,效率越大差距越小。当效率为 1 时,则称 DMU 有效,即该年份该情景下生活垃圾全过程管理水平为 2021—2030 年所有情景下所能实现的最佳管理水平。

**2)模型简介**

(1)CRS 模型

传统的 DEA 模型有规模收益不变模型(constant returns to scale, CRS)和规模收益可变模型(variable returns to scale,VRS)2 种基本模型。

CRS 模型是由运筹学家查恩斯(Charnes)、库珀(Cooper)和罗兹(Rhodes)提出的第一个 DEA 模型,故该模型也称为 CCR 模型(由 3 人姓氏的首字母命名)。该模型假定规模收益不变,即不管 DMU 的生产规模如何变化,其产出变化的比例等于各种投入变化的比例[6]。

在 CRS 模型下计算得到的效率值即为综合技术效率(technical efficiency, TE),表示系统管理的效率变化规律,是对资源配置能力、使用效率等多方面能力的综合评价与衡量。TE 可以从产出和投入 2 个视角来衡量,产出视角是指在投入固定时产出最大化的程度,而投入视角则是指在一定产出规模下投入最小化的程度。以投入视角为例,TE 计算结果越趋近 1,表示决策单元 DMU 越合理:当 TE<1 时,称 DMU 无效,即需要对投入产出比例进行调整,在产出保持不变的情况下,可以按照(1-TE)等比例减少所有要素投入以提高该 DMU 效率值[7];当 TE>1 时,称 DMU 有效,即无法在产出保持不变的情况下,通过等比例减少所有要素投入来提高该 DMU 的效率,除非减少产出的数量。也可以通过减少某一项或多项(不是全部)要素的投入来实现该 DMU 效率的提升。

(2)VRS 模型

CRS 模型假设所有被评价决策单元 DMU 规模收益不变,即处于最优生产规模阶段,但在实际生产过程中,许多生产活动并没有处于最优生产规模状态,因此,班克(Banker)、Charnes、Cooper 于 1984 年又提出了规模收益可变模型,也称 BCC 模型(以 3 位作者姓氏首字母命名)。

VRS 模型计算得到的结果即为忽略规模影响的纯技术效率(pure technical efficiency, PTE),表示在排除规模影响因素后,技术和管理因素对现有资源影响水平的强弱。

同时,该模型的提出也为规模效率(scale efficiency, SE)的计算提供了思路,如公式(4-1):

$$SE=TE/PTE \tag{4-1}$$

式中,SE——规模效率;

TE——综合技术效率(technical efficiency,TE);

PTE——纯技术效率。

SE 可以反映投入配置的适宜性,衡量在技术可以变动的情况下,判断 DMU 是否处在最优的状态下进行生产[8]。一般情况下,当被评价的决策单元 DMU 的 SE = 1 时,说明 DMU 规模收益不变,即处于最优生产规模阶段;当被评价的决策单元 DMU 的 SE < 1 时,

说明 DMU 规模收益可变，即未处于最优生产规模阶段。

（3）SBM 模型

在运用上述两个 DEA 基本模型评价系统的生产或运行效率时，通常是产出越大越好。但在某些生产或运行过程中，会不可避免地产生废物及污染物等，即非期望产出，这显然不适用于传统的 DEA 模型，因此必须对非期望产出进行处理。主要方法有以下几种[9-10]：产出转置法——将非期望产出指标转变成投入指标；正向属性转换法——将非期望产出指标 ×（-1），再转为正向属性；方向距离函数模型法——选用能对期望产出和非期望产出进行区分的方向距离函数模型；SBM（slack-based measure）模型法——选用基于非期望产出的 SBM-Undesirable 模型。

前两种方法虽然能用传统的 DEA 模型运算，但无法反映实际的生产过程，会造成模型偏差；方向距离函数模型法只能通过投入或产出指标等比例改变来提升 DMU 效率，忽视了投入和产出指标的松弛性问题，导致计算的效率值有偏差。SBM-Undesirable 模型是由托恩（Tone）在 2001 年提出的，直接将松弛变量纳入目标函数，在解决投入、产出指标松弛性问题的同时，避免了径向和角度选择导致的偏差[9]。

此外，SBM-Undesirable 模型还能同时从投入和产出 2 个角度对无效率状况进行测量，故也被称为非导向（non-oriented）模型。SBM-Undesirable 模型计算出的效率结果：当且仅当效率值 = 1 时，DMU 处于效率最优状态；当效率值 < 1 时，表明 DMU 存在效率损失，可以通过减少过量投入、降低非期望产出和增加期望产出的方式提高效率；效率值越接近 1，则表明 DMU 效率越高。

### 4.1.2 Malmquist 指数模型

上述介绍的 3 种 DEA 模型——CRS 模型、VRS 模型及 SBM-Undesirable 模型均是在技术效率的基础上，针对某一时间点的生产技术而言的。但生产活动本身是一个长期连续的过程，在此过程中，技术一般是不断进步的，且技术进步对生产率的提高发挥至关重要的作用[6]。因此，Malmquist 指数应运而生。

Malmquist 指数全称为 Malmquist 全要素生产率（total factor productivity，TFP）指数，此概念最早由瑞典统计学家和经济学家斯滕·马姆奎斯特（Sten Malmquist）在 1953 年提出的，故也称 Malmquist 指数。与上述只能反映效率静态变化的 DEA 模型不同，Malmquist 指数可以反映效率的动态变化，当被评价的决策单元的指标数据为含多时间点观测值的数据时，Malmquist 指数能分析管理效率变化情况、技术利用效率及技术进步对管理效率变化所产生的作用[11]。Farrell 等学者最早采用 DEA 方法计算 Malmquist 指数，并将其分解为技术效率变化（technical efficiency change，TEC）和技术进步（technological change，TC）两方面的变化[12]：

$$\text{Malmquist 指数} = TEC \times TC \tag{4-2}$$

式中，TEC——技术效率变化；

TC——技术进步。

其中，Malmquist 指数 > 1，表示管理效率提高，反之则下降；TEC 表示决策单元（DMU）在两个时期内技术利用效率的变化；TC 表示生产技术的变化（一般是生产技术进步），在

DEA 分析中反映生产前沿的变动情况。

经过众多学者几十年的研究,根据 Malmquist 指数的计算方式, Malmquist 指数模型已分为多种,例如相邻参比 Malmquist 指数( adjacent malmquist )模型、固定参比 Malmquist 指数( fixed malmquist )模型、全局参比 Malmquist 指数( global malmquist )模型等。其中全局参比 Malmquist 指数模型具有 Malmquist 指数单一且具备传递性、不存在 VRS 模型无可行解问题、计算出的各期效率值具有可比性的优点。

全局参比 Malmquist 指数模型是 2005 年由帕斯特( Pastor )和洛费尔( Lovell )提出的[13]。由于分析 DMU 在两个时期的生产率变化需要参考生产前沿面得出其在两个时期的生产效率,而 GM 模型是以所有时期的总和作为参考集,选出一个全局参考前沿,各期 Malmquist 指数的计算均参考这一全局前沿,因此计算得到的也是单一 Malmquist 指数,且具备传递性,可累乘[6]。此外,全局参比 Malmquist 指数不存在 VRS 模型无可行解问题,其计算出的各期效率值具有可比性,可制成各类图表直观地观察到各时期生产率变化情况,故本书选择全局参比 Malmquist 指数模型来计算 Malmquist 全要素生产率指数。

DEA 只能对指标数据进行静态分析,即只能对同一时期内不同决策单元的效率值进行分析,无法分析效率随时间变化而产生的影响,Malmquist 指数却可以弥补这一不足,能够评估分析不同时期的决策单元的效率值[14]。DEA-Malmquist 方法近年来被中外学者广泛运用到经济、企业运营、交通、生态、环境、能源等领域的各类技术评价和决策分析中[14],方法及模型较为成熟。生活垃圾全过程管理也是一个多投入多产出的过程,指标类型复杂且量纲难以统一,故选取 DEA-Malmquist 方法对拉萨市生活垃圾全过程管理效率进行评价研究。

### 4.1.3　评价步骤

首先,分析拉萨市生活垃圾全过程管理现状,设定 2021—2030 年的 12 种不同生活垃圾管理情景。

其次,选取包括从业人员数量、资金投入、市容环卫专用车辆设备在内的投入指标和包括经济产出、碳排放量在内的产出指标,构建评价指标体系并计算不同情景下各项指标值。

再次,利用 SBM-Undesirable 模型测算 2021—2030 年不同情景下拉萨市生活垃圾管理的综合效率、纯技术效率和规模效率,分析管理效率的静态变化,评价 2021—2030 年设定的不同情景下生活垃圾全过程管理的资源配置能力、使用效率、技术水平等。同时,利用全局参比 Malmquist 指数模型测算其 Malmquist 全要素生产率指数、技术效率变化指数和技术进步指数,动态分析现状及各情景下生产率的变动情况及其变动原因。

最后,确定 2021—2030 年相对管理效率最优的情景,甄别影响拉萨市生活垃圾全过程管理效率提升的关键原因和瓶颈环节,并提出优化建议。

## 4.2　生活垃圾全过程管理效率评价指标体系构建

### 4.2.1　指标选取原则

DEA 模型的评价指标通常包括两部分:投入指标和产出指标。投入指标一般含人力、物力和财力等各方面的基本投入，产出指标一般为进行某种生产活动后得到的效益。

构建科学合理的指标体系，是实现对拉萨市生活垃圾全过程管理效率的准确评价的前提及核心环节，因此，如何确定投入及产出指标，是一个严谨细致的工作，必须综合考虑多方面因素，在指标的选取上，本书遵循以下 3 项原则。

（1）科学性与客观性

遵循科学性与客观性原则是开展生活垃圾全过程管理效率评价工作的重要前提，选取的指标越科学合理，管理效率的评价结果就越准确，DEA 模型要求投入指标和产出指标间具有相关性，即投入指标能通过生产得到产出指标，产出指标由投入指标生产而来。因此，应认真总结参考其他相关学者的研究经验和研究成果，科学客观地选取指标，使其能客观、真实地反映生活垃圾全过程管理效率。

（2）可行性与可操作性

在指标数据选取过程中，要考虑现实情况，最好选择易于获取数据的指标，忌凭空捏造数据，若某些指标数据获取难度大或不全，可根据实际情况选取相关指标进行替换调整，以保证整个管理效率评价结果的完整。

（3）全面性与简洁性

效率评价指标体系作为一个整体，在构建时应统筹兼顾、思虑周全，充分考虑生活垃圾全过程管理的各个环节，忌错选、漏选指标，使每个指标都符合全面性原则，这样才能从各个角度全面系统地反映生活垃圾全过程管理效率。但全面性并不意味着指标越多越好，指标数量过多会使计算过于复杂、数据获取难度增大，以致评价结果不准确；指标数量过少又无法准确真实地反映生活垃圾全过程管理效率。因此，DEA 模型的投入、产出指标数量要适量，不宜太多也不宜太少。

### 4.2.2 投入指标选取

在选取生活垃圾全过程管理效率的投入指标时，应选取生活垃圾全过程管理系统中的人力、财力和物力投入。在遵循科学性与客观性、可行性与可操作性、全面性与简洁性 3 项原则的基础上，分析借鉴国内外学者在垃圾管理效率评价时所选用的指标，同时考虑拉萨市生活垃圾全过程管理的各环节，本书拟选取水利、环境和公共设施管理业从业人员、生活垃圾全过程管理资金投入、市容环卫专用车辆设备数作为投入指标。

（1）水利、环境和公共设施管理业从业人员

在生活垃圾全过程管理的劳动力投入方面，经咨询拉萨市统计局，目前尚未对从事生活垃圾全过程管理行业的人员数量进行统计，而生活垃圾全过程管理又需要大量劳动人员，该指标必不可少，故选取包含生活垃圾全过程管理从业人员数量的“水利、环境和公共设施管理业从业人员”这一统计性数据作为劳动力投入的替代指标。

（2）生活垃圾全过程管理资金投入

在生活垃圾全过程管理的各个环节中，垃圾处理处置及资源化利用所需的资金投入最多，其次是垃圾收集与运输环节的资金投入。综合考虑指标数据的可获得性与可操作性，本书选取生活垃圾处理处置与资源化利用环节的资金投入和垃圾运输环节的资金投入作为生活垃圾全过程管理的资金投入，其中生活垃圾处理处置与资源化利用环节的资金投入又分

为固定资产投入和运营成本。

（3）市容环卫专用车辆设备数

在选取生活垃圾全过程管理的物力投入时，因专门用于生活垃圾全过程管理的车辆设备等未单独统计形成指标数据，综合考虑指标数据的可获取性及合理性，本书选取市容环卫专用车辆设备数进行替代。依据国家统计局的指标解释，市容环卫专用车辆设备是指用于环境卫生作业、监察的专用车辆和设备，包含垃圾全过程管理所需要的垃圾清扫车辆、垃圾收集车辆、垃圾运输车辆、垃圾破碎机等垃圾处理处置设备等，是生活垃圾全过程管理系统中必不可少的物力投入。

### 4.2.3　产出指标选取

在以往对生活垃圾管理效率进行评价时，产出指标往往会选取垃圾清运量、无害化处理能力或无害化处理率等指标。近年来，由于国家及各地政府对垃圾分类及资源化利用工作的重视，垃圾无害化处理能力基本等同于垃圾处理量，根据国家统计局发布的《中国城市统计年鉴》，拉萨市从 2017 年开始，无害化处理率已达到 95%。此外，2018 年拉萨市生活垃圾焚烧发电厂建成投产，意味着拉萨市生活垃圾全过程管理系统开始有除可回收物回收利用之外的经济产出，故本书选取经济产出作为产出指标之一。因为在生活垃圾处理处置与资源化利用环节不可避免会有污染物的排放，而生活垃圾处理已成为全球温室气体排放重要来源，故还选取了非期望产出指标——碳排放量。

（1）经济产出

在传统的生活垃圾全过程管理系统中，只有可回收物分类回收能获得经济效益，但由于分类回收率较低，所以经济产出并不高。近年来，国家和各地区政府大力推进生活垃圾分类工作，如拉萨市政府 2020 年颁布了《拉萨市城市生活垃圾分类管理办法》，生活垃圾分类回收及资源化利用已经成为生活垃圾全过程管理中的重要环节。经济产出作为衡量生活垃圾资源化利用程度的重要指标，是评价生活垃圾全过程管理效率不可或缺的一项产出指标。

（2）碳排放量

在生活垃圾全过程管理的各个环节中，不可避免地会产生污染物排放，如垃圾运输过程中的机动车尾气排放。但主要的污染物排放环节是垃圾处理处置环节，例如垃圾填埋过程中会有大量 $CH_4$ 等填埋气的释放，垃圾焚烧过程中会产生 $CH_4$、$CO_2$、$N_2O$ 等气体。

此外，气候变暖已成为国内外广泛关注的焦点，联合国政府间气候变化专门委员会（Intergovernmental Panel on Climate Change，IPCC）认为，全球温室气体排放量的增加是导致气候变暖的主要原因，我国也在 2020 年提出了 2030 年“碳达峰”与 2060 年“碳中和”的双碳目标。据世界资源研究所 2016 年统计的全球温室气体排放来源，仅垃圾填埋场就占 1.9%，由此可见生活垃圾处理已成为全球温室气体排放的重要来源。

综合考虑污染物排放量的多少、指标数据的可操作性与指标所代表的意义，本书选择碳排放量作为生活垃圾全过程管理的环境负效益产出，即非期望产出。在一定条件下，该项产出越少，效率越高。

# 4.3 生活垃圾全过程管理效率评价指标计算

本书第五章的内容是进行 SBM-Undesirable 模型和 Malmquist 指数模型的管理效率的计算,需要先分别计算出投入产出指标。本节对投入产出指标下的各类数据进行计算。

## 4.3.1 投入指标计算

**1)计算时考虑了从业人口增长和拉萨市人口增长**

经向拉萨市统计局调研，2011—2020 年拉萨市水利、环境和公共设施管理业从业人员数量见表 4.1,除去波动较大的 2018 年,计算其余年份平均增长率为 2.59%，2021—2030 年从业人员数量按此增长率计算,结果如表 4.1 所示。

表 4.1 拉萨市 2011—2030 年水利、环境和公共设施管理业从业人员数

| 年份(年) | 人数(人) | 年份(年) | 人数(人) |
|---|---|---|---|
| 2011 | 1 091 | 2021 | 4 600 |
| 2012 | 1 140 | 2022 | 4 719 |
| 2013 | 1 199 | 2023 | 4 842 |
| 2014 | 1 205 | 2024 | 4 967 |
| 2015 | 1 231 | 2025 | 5 096 |
| 2016 | 1 138 | 2026 | 5 228 |
| 2017 | 1 241 | 2027 | 5 363 |
| 2018 | 4 496 | 2028 | 5 502 |
| 2019 | 3 378 | 2029 | 5 644 |
| 2020 | 4 484 | 2030 | 5 790 |

**2)资金投入计算**

经调研,拉萨市生活垃圾全过程管理各环节中主要资金投入为垃圾运输环节和垃圾处理处置与资源化利用环节,这两个环节的资金投入计算如下。

(1)垃圾运输环节

经调研,拉萨市生活垃圾基本达到了全清运,因此生活垃圾运输量等于其产生量。依据 2.3.2 节所述,城镇生活垃圾单位运输成本(包括车辆维修、油耗、工人工资等)按 100 元/t 计算,对于农村生活垃圾运输成本 2024 年以前按 132 元/t 计算，2024 年以后按 66 元/t 计算。资金投入包括城市生活垃圾运输成本和农村生活垃圾运输成本,利用公式(2-13)计算城镇生活垃圾运输成本、公式(2-14)计算农村生活垃圾运输成本,二者之和即为拉萨市生活垃圾运输环节的资金投入。2016—2020 年拉萨市生活垃圾运输环节资金投入如表 4.2 所示。同时,依据图 3.2 不同政策调控方案下生活垃圾产生量,计算 2021—2030 年拉萨市生活垃圾运输环节的资金投入,结果如表 4.3 所示。

表 4.2　2016—2020 年拉萨市生活垃圾运输环节的资金投入

| 年份(年) | 2016 | 2017 | 2018 | 2019 | 2020 |
|---|---|---|---|---|---|
| 资金投入(万元) | 2 755.55 | 3 015.63 | 3 808.84 | 3 919.96 | 4 183.46 |

表 4.3　2021—2030 年拉萨市生活垃圾运输环节的资金投入

单位:万元

| 年份(年) | 政府规划发展模式 | | | 优化发展模式 | | |
|---|---|---|---|---|---|---|
| | 情景 1<br>情景 4 | 情景 2<br>情景 5 | 情景 3<br>情景 6 | 情景 7<br>情景 10 | 情景 8<br>情景 11 | 情景 9<br>情景 12 |
| 2021 | 4 558.70 | 4 506.00[①②] | | 4 231.26 | 4 186.53[③] | |
| 2022 | 4 896.53 | 4 579.28[①②] | | 4 519.43 | 4 249.65[③] | |
| 2023 | 5 255.07 | 4 654.25[①②] | | 4 823.43 | 4 314.33[③] | |
| 2024 | 5 624.40 | 4 781.16 | 4 386.40 | 5 134.70 | 4 423.05 | 4 005.21 |
| 2025 | 6 006.91 | 4 931.20 | 4 514.79 | 5 455.02 | 4 550.89 | 4 131.37 |
| 2026 | 6 408.27 | 5 042.26 | 4 624.42 | 5 788.77 | 4 645.64 | 4 224.14 |
| 2027 | 6 822.91 | 5 172.32 | 4 753.05 | 6 131.04 | 4 755.82 | 4 333.91 |
| 2028 | 7 250.74 | 5 239.90 | 4 749.35 | 6 481.41 | 4 813.60 | 4 271.57 |
| 2029 | 7 696.17 | 5 375.10 | 4 854.87 | 6 843.08 | 4 926.97 | 4 384.94 |
| 2030 | 8 154.89 | 5 479.68 | 4 937.65 | 7 212.09 | 5 014.52 | 4 472.49 |

注:① 情景 1~6 产生总量相同,但由于情景 2、5 和情景 3、6 采取了加强垃圾分类措施,其可回收物回收量较情景 1、4 为多;计算中我们假设可回收物不参与运输计算,因此情景 2、5 和情景 3、6 运输环节资金投入区别于情景 1、4。

② 根据研究建议, 2024 年以后,农村生活垃圾采用分散式热解焚烧,厨余垃圾采用移动式厌氧发酵处理,情景 3、6 在情景 2、5 的基础上进行垃圾分类处理,故 2024 年之前情景 2、5 和 3、6 资金投入相同;而 2024 年以后,情景 3、6 的农村垃圾运输量与情景 2、5 不同,运输环节的资金投入不同。

③ 同②。

(2)垃圾处理处置与资源化利用环节

通过 1.2 节对拉萨市生活垃圾全过程管理现状分析可知,拉萨市生活垃圾处理处置方式有填埋、焚烧、餐厨垃圾处理和可回收物回收利用。经调研, 2016—2020 年拉萨市生活垃圾分类处理量如表 4.4 所示。

表 4.4　2016—2020 年拉萨市生活垃圾分类处理量

单位:t

| 年份(年) | 可回收物回收量 | 餐厨垃圾处理量 | 焚烧发电量 | 卫生填埋量 | 生活垃圾产生量 | | |
|---|---|---|---|---|---|---|---|
| | | | | | 城镇 | 农村 | 总量 |
| 2016 | 7 759 | 0 | 0 | 259 141 | 213 800 | 53 100 | 266 900 |
| 2017 | 8 495 | 0 | 10 000 | 274 005 | 235 700 | 56 800 | 292 500 |
| 2018 | 10 747 | 0 | 284 800 | 76 053 | 306 800 | 64 800 | 371 600 |

续表

| 年份（年） | 可回收物回收量 | 餐厨垃圾处理量 | 焚烧发电量 | 卫生填埋量 | 生活垃圾产生量 | | |
|---|---|---|---|---|---|---|---|
| | | | | | 城镇 | 农村 | 总量 |
| 2019 | 11 080 | 0 | 256 700 | 117 120 | 326 100 | 58 800 | 384 900 |
| 2020 | 11 832 | 9 600 | 196 800 | 193 368 | 351 500 | 60 100 | 411 600 |

在 3.2 节中，我们对各情景下 2021—2030 年的生活垃圾产生总量和无害化处理率进行了预测及分析，为进一步计算各类处理处置方式的资金投入情况，根据 2.3.2 节，分别计算政府规划发展模式和优化发展模式下各情景的 2021—2030 年拉萨市生活垃圾分类处理情况。

a. 政府规划发展模式各情景下拉萨市生活垃圾分类处理情况

依据各情景所实施的垃圾管理措施，尤其是垃圾处理处置措施，2021—2030 年拉萨市生活垃圾分类处理量如表 4.5 所示。表中厨余垃圾处理量根据公式（2-20）、（2-26）计算，焚烧量根据公式（2-19）、（2-25）计算，填埋量根据公式（2-21）~（2-24）计算。

假设仅增加垃圾收费情景，不改变各类处理处置方式的处理量，则对于情景 1 政府规划发展模式下现状情景和情景 4 垃圾收费情景来说，两种情景的各类处理量是相同的；同理，对于情景 2 和情景 5、情景 3 和情景 6，其各类处理量也是相同的。

经调研，2020 年 9 月拉萨市餐厨垃圾处理厂开始试运行，处理规模为 80 t/d，年处理量为 $80 \times 365 = 29\,200$ t/a。2018 年拉萨市生活垃圾焚烧发电厂（一期）建成，处理规模为 700 t/d，年处理量为 $700 \times 365 = 255\,500$ t，二期工程建成完毕后，拉萨市生活垃圾焚烧发电厂总处理能力可达到 1 500 t/d[15]，即 $1\,500 \times 365 = 547\,500$ t/a。

b. 优化发展模式各情景下生活垃圾分类处理情况

同样，根据前述分析，可计算得到优化发展模式下 2021—2030 年拉萨市生活垃圾分类处理量，如表 4.6 所示。

根据 3.2.3 节对生活垃圾无害化处理模拟结果的分析，一般情况下优化发展模式各情景下垃圾分类处理量低于政府规划发展模式下所对应的各情景，是因为优化发展模式垃圾产生总量低。对比表 4.5 政府规划发展模式下 2021—2030 年拉萨市生活垃圾分类处理量和表 4.6 优化发展模式下 2021—2030 年拉萨市生活垃圾分类处理量，不难发现，自 2026 年开始，优化发展模式某些情景下的生活垃圾填埋量高于政府规划发展模式所对应的情景，不仅因为优化发展模式下农村生活垃圾产生量高于政府规划模式下的生活垃圾产生量，而且由于农村生活垃圾产生量高于农村餐厨垃圾处理技术和农村分散焚烧设备所能提供的最大处理能力，超出部分进行填埋处置，故填埋量增大。

c. 拉萨市生活垃圾正确分类率及可回收物回收量

根据政府规划发展模式的现状情景和加强垃圾分类情景（包括情景 2、3、5、6）得到的 2021—2030 年拉萨市生活垃圾正确分类率及可回收物回收量如表 4.7 所示，优化发展模式的基本情景和加强垃圾分类情景（包括情景 8、9、11、12）得到的 2021—2030 年拉萨市生活垃圾可回收量如表 4.8 所示。表中垃圾正确分类率根据公式（2-15）、（2-16）计算，可回收物回收量根据公式（2-27）、（2-28）计算。

**表 4.5　政府规划模式下 2021—2030 年拉萨市生活垃圾分类处理量**

单位：t

<table>
<tr><th rowspan="2">情景年份（年）</th><th colspan="3">厨余垃圾处理量</th><th colspan="3">焚烧量</th><th colspan="3">填埋量</th></tr>
<tr><th>1.4</th><th>2.5</th><th>3.6</th><th>1.4</th><th>2.5</th><th>3.6</th><th>1.4</th><th>2.5</th><th>3.6</th></tr>
<tr><td>2021</td><td>11 150</td><td>13 000</td><td>13 011</td><td colspan="2" rowspan="5">255 500②<br>314 501③<br>317 600③</td><td rowspan="3">255 500③<br>203 655<br>236 889</td><td>172 558</td><td>165 487</td><td>165 476</td></tr>
<tr><td>2022</td><td>12 794</td><td>23 900</td><td>23 921</td><td>161 170</td><td>161 150</td><td>—</td></tr>
<tr><td>2023</td><td>14 283</td><td rowspan="8">29 200①</td><td>35 351</td><td>162 547</td><td>156 396</td><td>—</td></tr>
<tr><td>2024</td><td>15 978</td><td>46 362</td><td>270 903</td><td>174 276</td><td>98 114</td><td>—</td></tr>
<tr><td>2025</td><td>17 798</td><td>55 293</td><td>306 008</td><td>188 207</td><td>100 014</td><td>—</td></tr>
<tr><td>2026</td><td>19 403</td><td>55 509</td><td>527 397</td><td>387 103</td><td>424 103</td><td>71 233</td><td>66 608</td><td>3 300</td></tr>
<tr><td>2027</td><td>21 107</td><td>55 726</td><td rowspan="4">547 500②</td><td>395 091</td><td>432 091</td><td>89 364</td><td>70 410</td><td>6 883</td></tr>
<tr><td>2028</td><td>22 909</td><td>95 142</td><td>396 679</td><td>405 063</td><td>128 696</td><td>74 327</td><td rowspan="2">0④</td></tr>
<tr><td>2029</td><td>24 643</td><td>107 864</td><td>404 264</td><td>400 362</td><td>169 718</td><td>78 823</td></tr>
<tr><td>2030</td><td>26 455</td><td>111 925</td><td>408 394</td><td>407 794</td><td>211 843</td><td>83 616</td><td>1 491</td></tr>
</table>

注：①经预测，情景 2、5 自 2023 年起，厨余垃圾产生量将超过拉萨市餐厨垃圾处理厂的处理能力，故表中 2023—2030 年的厨余垃圾处理量均为最大处理能力，即 29 200 t，超出部分进行焚烧、填埋处置。

② 经预测，情景 1、4 和情景 2、5 自 2021 年起垃圾焚烧量将超过拉萨市生活垃圾焚烧发电厂的处理能力，故表中 2021—2025 年垃圾焚烧量即为垃圾焚烧发电厂的最大处理能力，即 25 500 t，超出部分进行填埋处置。假设 2026 年拉萨市生活垃圾焚烧发电厂二期工程投入使用，经预测情景 1、4 自 2027 年起垃圾焚烧量将超出二期工程的处理能力，故表中 2027—2030 年垃圾焚烧量也为其最大处理能力，即 547 500 t，超出部分进行填埋处置。

③ 经预测，情景 3、6 自 2021 年起垃圾焚烧量将超过拉萨市生活垃圾焚烧发电厂的处理能力，故表中 2021—2023 年垃圾焚烧量为最大处理能力，即 255 500 t，超出部分进行填埋处置。但由于情景 3、6 采取了加强垃圾分类与分类处理模式，建议农村于 2024 年开始采取分散式热解焚烧，故 2024 年后焚烧处理能力与情景 1、4 和情景 2、5 相比有所增加。

④ 依据图 3.6 生活垃圾无害化处理率模拟结果，政府规划发展模式下加强垃圾分类和分类处理无害化处理率分别于 2028 年和 2029 年达到 100%，即填埋量为 0，生活垃圾全部通过餐厨垃圾处理和焚烧处置。随着旅游人数增多，旅游垃圾产生量增加，农村生活垃圾产生总量增加，超出无害化处理能力，因此 2030 年时生活垃圾填埋量较 2028—2029 年多。

**表 4.6　优化发展模式下 2021—2030 年拉萨市生活垃圾分类处理量**

单位：t

<table>
<tr><th rowspan="2">情景年份（年）</th><th colspan="3">餐厨垃圾处理量</th><th colspan="3">焚烧量</th><th colspan="3">填埋量</th></tr>
<tr><th>7.10</th><th>8.11</th><th>9.12</th><th>7.10</th><th>8.11</th><th>9.12</th><th>7.10</th><th>8.11</th><th>9.12</th></tr>
<tr><td>2021</td><td>9 162</td><td>10 691</td><td>10 691</td><td colspan="2" rowspan="5">255 500<br>317 600</td><td rowspan="3">255 500<br>159 128<br>186 878</td><td>133 007</td><td>127 079</td><td>127 079</td></tr>
<tr><td>2022</td><td>10 480</td><td>19 593</td><td>19 593</td><td>123 561</td><td>123 561</td><td>—</td></tr>
<tr><td>2023</td><td>11 660</td><td>28 859</td><td>28 859</td><td>119 756</td><td>119 756</td><td>—</td></tr>
<tr><td>2024</td><td>12 999</td><td rowspan="7">29 200</td><td>38 267</td><td>215 106</td><td>129 108</td><td>57 941</td><td>—</td></tr>
<tr><td>2025</td><td>14 429</td><td>46 478</td><td>244 051</td><td>140 593</td><td>61 215</td><td>—</td></tr>
<tr><td>2026</td><td>15 672</td><td>56 064</td><td>425 988</td><td>307 055</td><td>344 055</td><td>103 952</td><td>97 204</td><td>33 340</td></tr>
<tr><td>2027</td><td>16 983</td><td>56 125</td><td>451 272</td><td>312 184</td><td>349 184</td><td>109 734</td><td>101 665</td><td>37 740</td></tr>
<tr><td>2028</td><td>18 358</td><td>76 703</td><td>476 831</td><td>312 073</td><td>346 696</td><td>115 872</td><td>106 126</td><td>24 001</td></tr>
<tr><td>2029</td><td>19 663</td><td>86 436</td><td>503 074</td><td>316 671</td><td>341 560</td><td>122 402</td><td>111 231</td><td>29 106</td></tr>
<tr><td>2030</td><td>21 014</td><td>97 341</td><td>547 500</td><td>318 394</td><td>332 378</td><td>129 340</td><td>116 558</td><td>34 433</td></tr>
</table>

表 4.7 政府规划发展模式下 2021—2030 年拉萨市生活垃圾正确分类率及可回收物回收量

| 年份(年) | 现状情景 | | | | 加强垃圾分类情景 | | | |
|---|---|---|---|---|---|---|---|---|
| | 分类率(%) | | 回收量(t) | | 分类率(%) | | 回收量(t) | |
| | 城镇 | 农村 | 城镇 | 农村 | 城镇 | 农村 | 城镇 | 农村 |
| 2021 | 13.06 | 2.38 | 30 363 | 858 | 15.24 | 2.81 | 35 432 | 1 010 |
| 2022 | 13.86 | 2.48 | 34 842 | 950 | 25.91 | 5.30 | 65 141 | 2 031 |
| 2023 | 14.35 | 2.54 | 38 895 | 1037 | 35.52 | 7.58 | 96 268 | 3 089 |
| 2024 | 14.93 | 2.62 | 43 511 | 1136 | 42.57 | 9.23 | 124 044 | 4 008 |
| 2025 | 15.52 | 2.69 | 48 468 | 1245 | 48.40 | 10.59 | 151 207 | 4 905 |
| 2026 | 15.82 | 2.73 | 52 839 | 1347 | 54.90 | 12.09 | 183 336 | 5 972 |
| 2027 | 16.14 | 2.77 | 57 480 | 1459 | 60.42 | 13.37 | 215 163 | 7 047 |
| 2028 | 16.47 | 2.81 | 62 387 | 1580 | 67.16 | 14.94 | 254 460 | 8 406 |
| 2029 | 16.69 | 2.84 | 67 109 | 1706 | 71.80 | 15.99 | 288 767 | 9 622 |
| 2030 | 16.91 | 2.86 | 72 042 | 1844 | 76.86 | 17.11 | 327 460 | 11 013 |

表 4.8 优化发展模式下拉萨市 2021—2030 年城镇、农村生活垃圾可回收量

单位:t

| 年份(年) | 基本情景 | | 加强垃圾分类情景 | |
|---|---|---|---|---|
| | 城镇 | 农村 | 城镇 | 农村 |
| 2021 | 24 950 | 1 310 | 29 114 | 1 544 |
| 2022 | 28 538 | 1 440 | 53 355 | 3 078 |
| 2023 | 31 753 | 1 558 | 78 591 | 4 643 |
| 2024 | 35 400 | 1 692 | 100 921 | 5 968 |
| 2025 | 39 293 | 1 836 | 122 585 | 7 230 |
| 2026 | 42 679 | 1 966 | 148 084 | 8 714 |
| 2027 | 46 248 | 2 106 | 173 119 | 10 175 |
| 2028 | 49 993 | 2 257 | 203 909 | 12 003 |
| 2029 | 53 548 | 2 408 | 230 414 | 13 579 |
| 2030 | 57 225 | 2 570 | 260 112 | 15 352 |

本书在 2.2.4 节已对各类处理处置方式的成本进行了描述,总结如下:生活垃圾的填埋成本参考同处青藏高原的青海省西宁市填埋场的数据,按照 423 元/t 计算[16];城镇生活垃圾的焚烧处理成本按 200 元/t 计算,对于 2024 年新增的农村生活垃圾分散式热解焚烧处理方式,农村生活垃圾的处理成本按 220 元/t 计算;拉萨市餐厨垃圾处理厂于 2020 年建成运行,处理成本按 269 元/t 计算;城镇与农村每吨可回收物回收利用的成本如表 2.10 所示,分别按 79.11 元/t 和 84.27 元/t 计算。

综上所述，各类处理处置方式的资金投入计算方法均为成本 × 各类处理处置方式的处理量。2016—2020 年拉萨市生活垃圾处理处置与资源利用环节的资金总投入如表 4.9 所示，2021—2030 年拉萨市生活垃圾处理处置与资源利用环节的资金总投入如表 4.10 所示。

表 4.9 2016—2020 年拉萨市生活垃圾处理处置与资源利用环节资金总投入

| 年份（年） | 2016 | 2017 | 2018 | 2019 | 2020 |
|---|---|---|---|---|---|
| 资金投入（万元） | 11 995.15 | 12 196.80 | 7 846.40 | 8 416.34 | 10 769.05 |

表 4.10 2021—2030 年拉萨市生活垃圾处理处置与资源利用环节资金总投入

单位：万元

| 年份（年） | 政府规划发展模式 | | | 优化发展模式 | | |
|---|---|---|---|---|---|---|
| | 情景 1<br>情景 4 | 情景 2<br>情景 5 | 情景 3<br>情景 6 | 情景 7<br>情景 10 | 情景 8<br>情景 11 | 情景 9<br>情景 12 |
| 2021 | 12 956.57 | 12 387.59 | 12 748.43 | 11 191.05 | 11 016.37 | 16 637.37 |
| 2022 | 14 352.43 | 12 436.47 | 13 102.54 | 12 360.94 | 11 311.69 | 16 932.69 |
| 2023 | 15 831.07 | 13 558.82 | 13 464.10 | 13 592.91 | 11 612.84 | 17 233.84 |
| 2024 | 17 352.80 | 14 282.44 | 12 816.47 | 14 852.95 | 12 205.42 | 16 420.24 |
| 2025 | 18 926.83 | 15 094.17 | 13 426.84 | 16 147.82 | 12 873.28 | 16 960.39 |
| 2026 | 14 512.39 | 12 845.77 | 11 733.79 | 13 692.72 | 12 283.22 | 17 363.00 |
| 2027 | 15 764.92 | 13 427.17 | 12 310.77 | 14 507.64 | 12 784.88 | 17 976.23 |
| 2028 | 17 516.97 | 13 946.96 | 12 881.38 | 15 346.37 | 13 230.34 | 17 739.09 |
| 2029 | 19 337.24 | 14 570.49 | 13 528.60 | 16 211.94 | 13 761.22 | 18 224.15 |
| 2030 | 21 208.04 | 15 173.68 | 14 064.75 | 17 100.05 | 14 270.90 | 18 607.07 |

（3）市容环境专用车辆设备数计算

经查询《城市建设统计年鉴》，2013—2020 年拉萨市市容环卫专用车辆设备数见表 4.11，由于其中几年数量波动较大，故按近几年全国市容环卫专用车辆设备数的平均增长率 10%[17]计算 2021—2030 年拉萨市市容环卫专用车辆设备数，测算结果见表 4.11。

表 4.11 拉萨市 2013—2030 年市容环卫专用车辆设备数

| 年份（年） | 设备数（台） | 年份（年） | 设备数（台） |
|---|---|---|---|
| 2013 | 79 | 2021 | 1 326 |
| 2014 | 171 | 2022 | 1 458 |
| 2015 | 241 | 2023 | 1 604 |
| 2016 | 241 | 2024 | 1 764 |
| 2017 | 297 | 2025 | 1 941 |

续表

| 年份(年) | 设备数 | 年份 | 设备数 |
|---|---|---|---|
| 2018 | 318 | 2026 | 2 135 |
| 2019 | 599 | 2027 | 2 348 |
| 2020 | 1 205 | 2028 | 2 583 |
| | | 2029 | 2 841 |
| | | 2030 | 3 125 |

### 4.3.2 产出指标计算

**1)经济产出计算**

根据2.3.2节所述,在生活垃圾处理处置与综合利用环节中,有经济效益产出的环节包括可回收物回收利用、城镇生活垃圾焚烧发电和餐厨垃圾处理。本节各部分的经济效益将依照2.3.2节公式计算。此外,依据情景设定,情景4~6及情景10~12采取垃圾收费的措施,收取的费用也将作为产出指标的一部分。各部分经济产出计算如下。

(1)可回收物回收再利用经济效益

综合考虑纸类、塑料、金属、纺织品、玻璃等可回收物所占垃圾组分的比例及各类回收物的报价等,根据表2.10,城镇与农村每吨可回收物回收利用的经济产出分别为79.11元/t和84.27元/t,参考表4.4拉萨市现状下生活垃圾可回收量,可计算得出2016—2020年可回收物回收再利用产生的经济效益,如表4.12所示。根据表4.7和表4.8不同情景下城镇、农村生活垃圾可回收量,计算得出2021—2030年可回收物回收再利用产生的经济效益,见表4.13。

表4.12 2016—2020年拉萨市可回收物回收再利用产生的经济效益

| 年份(年) | 2016 | 2017 | 2018 | 2019 | 2020 |
|---|---|---|---|---|---|
| 经济效益(万元) | 1 365.12 | 1 494.51 | 1 890.46 | 1 948.85 | 2 080.94 |

表4.13 2021—2030年拉萨市可回收物回收再利用产生的经济效益

单位:万元

| 年份(年) | 政府规划发展模式 | | | 优化发展模式 | | |
|---|---|---|---|---|---|---|
| | 情景1<br>情景4 | 情景2<br>情景5 | 情景3<br>情景6 | 情景7<br>情景10 | 情景8<br>情景11 | 情景9<br>情景12 |
| 2021 | 5 486.98 | 6 404.62 | 6 404.62 | 4 615.64 | 5 388.71 | 5 388.71 |
| 2022 | 6 290.39 | 11 805.42 | 11 805.42 | 5 269.22 | 9 919.37 | 9 919.37 |
| 2023 | 7 017.89 | 17 462.15 | 17 462.15 | 5 854.90 | 14 630.20 | 14 630.20 |
| 2024 | 7 846.55 | 22 505.29 | 22 505.29 | 6 519.39 | 18 788.12 | 18 788.12 |
| 2025 | 8 736.79 | 27 436.82 | 27 436.82 | 7 228.92 | 22 818.05 | 22 818.05 |

续表

| 年份(年) | 政府规划发展模式 | | | 优化发展模式 | | |
|---|---|---|---|---|---|---|
| | 情景 1<br>情景 4 | 情景 2<br>情景 5 | 情景 3<br>情景 6 | 情景 7<br>情景 10 | 情景 8<br>情景 11 | 情景 9<br>情景 12 |
| 2026 | 9 522.95 | 33 270.98 | 33 270.98 | 7 846.87 | 27 560.79 | 27 560.79 |
| 2027 | 10 358.16 | 39 053.61 | 39 053.61 | 8 498.84 | 32 218.08 | 32 218.08 |
| 2028 | 11 241.87 | 46 199.20 | 46 199.20 | 9 183.42 | 37 951.36 | 37 951.36 |
| 2029 | 12 093.94 | 52 442.43 | 52 442.43 | 9 834.85 | 42 887.19 | 42 887.19 |
| 2030 | 12 985.11 | 59 487.30 | 59 487.30 | 10 509.73 | 48 418.90 | 48 418.90 |

(2)城镇生活垃圾焚烧发电厂的经济效益

依照 2.3.2 节所述,拉萨市单位电价按 0.65 元/(kW·h)计算,根据公式(2-34)~(2-37),2017—2020 年拉萨市焚烧发电厂经济效益如表 4.14 所示，2021—2030 年拉萨市焚浇发电厂经济效益如表 4.15 所示。

表 4.14　2017—2020 年拉萨市焚烧发电厂经济效益

| 年份(年) | 2017 | 2018 | 2019 | 2020 |
|---|---|---|---|---|
| 经济效益(万元) | 0.21 | 6.02 | 5.43 | 4.16 |

注:经查询《城市建设统计年鉴》,拉萨市焚烧发电场虽于 2018 年开始正式运行,但 2017 年已开始试运行,故 2017 年有少许经济效益。

表 4.15　2021—2030 年拉萨市焚烧发电厂经济效益

单位:万元

| 年份(年) | 政府规划发展模式 | | | 优化发展模式 | | |
|---|---|---|---|---|---|---|
| | 情景 1<br>情景 4 | 情景 2<br>情景 5 | 情景 3<br>情景 6 | 情景 7<br>情景 10 | 情景 8<br>情景 11 | 情景 9<br>情景 12 |
| 2021 | 5.40 | 5.48 | 5.48 | 5.40 | 5.48 | 5.48 |
| 2022 | 5.43 | 5.86 | 5.86 | 5.43 | 5.86 | 5.86 |
| 2023 | 5.45 | 6.19 | 6.19 | 5.45 | 6.19 | 6.19 |
| 2024 | 5.47 | 6.44 | 6.44 | 5.47 | 6.44 | 6.44 |
| 2025 | 5.49 | 6.65 | 6.65 | 5.49 | 6.65 | 6.65 |
| 2026 | 11.35 | 10.42 | 9.75 | 9.17 | 8.27 | 7.59 |
| 2027 | 11.81 | 10.94 | 10.24 | 9.73 | 8.64 | 7.95 |
| 2028 | 11.83 | 11.35 | 9.51 | 10.31 | 8.93 | 7.62 |
| 2029 | 11.85 | 11.83 | 9.46 | 10.89 | 9.26 | 7.64 |
| 2030 | 11.87 | 12.23 | 9.81 | 11.48 | 9.54 | 7.55 |

（3）餐厨垃圾处理厂的经济效益

拉萨市餐厨垃圾处理厂的处理工艺为“预处理+固渣好氧堆肥+水相厌氧”，根据处理工艺可能产生经济效益的部分如下[18]：垃圾处理后产生的残油可加工成工业用油、清油脂等资源收集再利用，垃圾处理后产生的残渣可加工成肥料供农田使用，垃圾处理后产生的水可作为供暖用水。

拉萨市餐厨垃圾处理厂2020年开始运行，2021—2030年拉萨市餐厨垃圾处理厂经济效益如表4.16所示，其中餐厨垃圾处理厂的经济效益按79.2元/t计算[19]。

表4.16　2021—2030年拉萨市餐厨垃圾处理厂经济效益

单位：万元

| 年份（年） | 政府规划发展模式 | | | 优化发展模式 | | |
|---|---|---|---|---|---|---|
| | 情景1<br>情景4 | 情景2<br>情景5 | 情景3<br>情景6 | 情景7<br>情景10 | 情景8<br>情景11 | 情景9<br>情景12 |
| 2021 | 88.31 | 288.62 | 103.05 | 72.56 | 84.67 | 84.67 |
| 2022 | 101.33 | 532.00 | 189.45 | 83.00 | 155.17 | 155.17 |
| 2023 | 113.12 | 231.26 | 279.98 | 92.35 | 228.57 | 228.57 |
| 2024 | 126.54 | 231.26 | 367.18 | 102.95 | 231.26 | 303.08 |
| 2025 | 140.96 | 231.26 | 437.92 | 114.28 | 231.26 | 368.11 |
| 2026 | 153.67 | 231.26 | 439.63 | 124.12 | 231.26 | 444.03 |
| 2027 | 167.17 | 231.26 | 441.35 | 134.50 | 231.26 | 444.51 |
| 2028 | 181.44 | 231.26 | 753.53 | 145.39 | 231.26 | 607.48 |
| 2029 | 195.17 | 231.26 | 886.45 | 155.73 | 231.26 | 684.57 |
| 2030 | 209.52 | 231.26 | 886.45 | 166.43 | 231.26 | 770.94 |

（4）实行垃圾收费措施后的经济效益

依据情景设定，情景4、5、6、10、11、12分别在情景1、2、3、7、8、9的基础上采取垃圾收费措施，参照3.1.2节所述的西藏自治区日喀则市的垃圾收费标准，按每户3人测算，得到2021—2030年经济效益见表4.17。

表4.17　2021—2030年实行垃圾收费措施后的经济效益

| 年份（年） | 2021 | 2022 | 2023 | 2024 | 2025 | 2026 | 2027 | 2028 | 2029 | 2030 |
|---|---|---|---|---|---|---|---|---|---|---|
| 经济效益（万元） | 1 965 | 2 211 | 2 475 | 2 759 | 3 063 | 3 389 | 3 783 | 4 111 | 4 510 | 4 937 |

（5）经济产出总指标

综上，2016—2020年拉萨市生活垃圾全过程管理系统总经济效益如表4.18所示（见公式（2-39）），2021—2030年总经济效益见表4.19。

表 4.18 2016—2020 年拉萨市生活垃圾全过程管理系统总经济效益

| 年份(年) | 2016 | 2017 | 2018 | 2019 | 2020 |
|---|---|---|---|---|---|
| 经济效益(万元) | 1 365 | 1 495 | 1 896 | 1 954 | 2 085 |

表 4.19 2021—2030 年拉萨市生活垃圾全过程管理系统总经济效益

单位:万元

| 情景 | 年份(年) | | | | | | | | | |
|---|---|---|---|---|---|---|---|---|---|---|
| | 2021 | 2022 | 2023 | 2024 | 2025 | 2026 | 2027 | 2028 | 2029 | 2030 |
| 情景 1 | 5 581 | 6 397 | 7 136 | 7 979 | 8 883 | 9 688 | 10 537 | 11 435 | 12 301 | 13 206 |
| 情景 2 | 6 699 | 12 343 | 17 700 | 22 743 | 27 675 | 33 513 | 39 296 | 46 442 | 52 686 | 59 731 |
| 情景 3 | 6 513 | 12 001 | 17 748 | 22 879 | 27 881 | 33 720 | 39 505 | 46 962 | 53 338 | 60 384 |
| 情景 4 | 7 546 | 8 608 | 9 612 | 10 737 | 11 946 | 13 077 | 14 275 | 15 546 | 16 811 | 18 143 |
| 情景 5 | 8 664 | 14 554 | 20 175 | 25 502 | 30 738 | 36 901 | 43 033 | 50 553 | 57 196 | 64 668 |
| 情景 6 | 8 478 | 14 212 | 20 224 | 25 638 | 30 944 | 37 109 | 43 243 | 51 073 | 57 848 | 65 321 |
| 情景 7 | 4 694 | 5 358 | 5 953 | 6 628 | 7 349 | 7 980 | 8 643 | 9 339 | 10 001 | 10 688 |
| 情景 8 | 5 479 | 10 080 | 14 865 | 19 026 | 23 056 | 27 800 | 32 458 | 38 192 | 43 128 | 48 660 |
| 情景 9 | 5 479 | 10 080 | 14 865 | 19 098 | 23 193 | 28 012 | 32 671 | 38 566 | 43 579 | 49 197 |
| 情景 10 | 6 658 | 7 569 | 8 428 | 9 387 | 10 412 | 11 369 | 12 381 | 13 450 | 14 511 | 15 625 |
| 情景 11 | 7 444 | 12 291 | 17 340 | 21 785 | 26 119 | 31 189 | 36 196 | 42 303 | 47 638 | 53 597 |
| 情景 12 | 7 444 | 12 291 | 17 340 | 21 857 | 26 256 | 31 401 | 36 408 | 42 677 | 48 089 | 54 134 |

**2)碳排放量计算**

(1)生活垃圾填埋处理过程中碳排放量计算

通过现场调研和查阅文献[20],拉萨市生活垃圾一般分为 4 类:可回收垃圾、厨余垃圾、有害垃圾和其他垃圾。其主要成分包括厨余垃圾、灰渣、纸类、橡塑、纺织物、玻璃、金属、木竹等,这些成分在厌氧条件下主要产生大量甲烷和二氧化碳气体。由于生活垃圾中的碳元素由生物碳和矿物碳两部分组成,其中生物碳的释放参与自然界的循环,并不增加大气碳含量,而矿物碳是生活垃圾处理过程中的温室气体的主要来源[21]。在进行填埋处理时,矿物碳并不分解,故填埋处理过程的碳排放量只考虑甲烷气体引起的碳排放。

早在 1996 年,联合国政府间气候变化委员会(IPCC)就针对废弃物垃圾处理厂(包括填埋场)假设所有甲烷在处理的当年全部排放,提出了计算甲烷排放量的缺省模型[22]。2001 年,考虑到生活垃圾在填埋场若干年可分解的可降解有机碳的逐渐衰减过程,又提出了一阶衰减(the first-order decay, FOD)模型[23],并阐述了二者的使用条件:当不同模型排放源的有关数据逐年收集完整且属于关键源类别时,推荐采用 FOD 模型;如果相关数据无法完整获得或虽能完整获得数据但排放源类别是非关键源类别时,采用缺省模型。

因本书只考虑生活垃圾完全分解时所排放的温室气体,因此采用缺省模型法,其中一些参数的取值参考 IPCC 的推荐值[24],模型公式见(4-3)和(4-4):

$$CH_4\text{ 排放量}(t) = (MSWL \times L_0 - R) \times (1 - OX) \quad (4\text{-}3)$$

式中,MSWL——城市生活垃圾填埋量,t;

$R$——甲烷回收量, t,依据调研结果,拉萨市垃圾填埋场目前未对填埋气进行回收,故 $R=0$;

OX——氧化因子比例,采用 IPCC 推荐的缺省值 0;

$L_0$——每吨废弃物产生的甲烷潜力,t。

$$L_0 = MCF \times DOC \times DOCF \times F \times 16/12 \quad (4\text{-}4)$$

式中, MCF——甲烷修正因子比例,依据 IPCC 2006,中国卫生填埋场估算参数推荐值取 1.0;

DOCF——经过异化的可降解有机碳的比例,IPCC 推荐缺省值是 0.5;

$F$——甲烷在垃圾填埋气体中的比例(体积比例),IPCC 鼓励使用缺省值是 0.5;

16/12——$CH_4$/C 分子量比率;

DOC——每吨城市固体废弃物可降解有机碳的含量, IPCC 2019 推荐值是 0.14。此外,批量废弃物 DOC 可根据废弃物构成来估算,可根据废弃物流中各成分(废弃物类型/材料)的可降解碳含量的加权平均值来计算。

采用缺省碳含量值来估算 DOC,公式见(4-5):

$$DOC = \sum_i (DOC_i \times W_i) \quad (4\text{-}5)$$

式中, $DOC_i$——废弃物类型 $i$ 中可降解有机碳的比例,具体数值依据 IPCC 指南设定,详细数据见表 4.20;

$W_i$——按废弃物类别分类的 $i$ 类废弃物比例;

$i$——废弃物类型。

经调研,当前拉萨市生活垃圾含水率为 24.39%,干基垃圾各组分占比 $W_i$ 如表 4.20 所示,由此计算现状下拉萨市每吨干基垃圾的 DOC 值为 0.279,故考虑含水率时的吨填埋垃圾 DOC =(1 - 0.243 9)× 0.279 = 0.211,高于 IPCC 推荐值 0.14。分析其中的原因,可能是拉萨市降水量偏少、植被覆盖率低及气候干燥等导致该地区生活垃圾的含水率明显低于其他地区的生活垃圾含水率。

**表 4.20 拉萨市生活垃圾各组分 DOC 值**

| 生活垃圾类型 $i$ | 占干基垃圾量比例 $W_i$(%) | 可降解碳占干废弃物比例 DOC(%) | 每吨干基垃圾可降解碳含量(t) |
|---|---|---|---|
| 厨余垃圾 | 20.45 | 0.38 | 0.077 7 |
| 纸类 | 23.74 | 0.44 | 0.104 5 |
| 橡塑 | 14.84 | 0.47 | 0.069 7 |
| 纺织物 | 4.50 | 0.30 | 0.013 5 |
| 玻璃 | 4.73 | 0 | 0 |
| 金属 | 5.12 | 0 | 0 |
| 木竹 | 2.76 | 0.50 | 0.013 8 |

续表

| 生活垃圾类型 *i* | 占干基垃圾量比例 $W_i$(%) | 可降解碳占干废弃物比例 DOC(%) | 每吨干基垃圾可降解碳含量(t) |
|---|---|---|---|
| 灰、渣 | 22.83 | 0 | 0 |
| 其他 | 1.03 | 0 | 0 |
| 总和 | 100.00 | — | 0.279 2 |

需要注意的是,生活垃圾正确分类率不同时,单位干基垃圾的可降解碳含量也不同。这是因为生活垃圾的正确分类率会影响垃圾的组分,即影响 $W_i$,进而影响单位干基垃圾的可降解碳含量,故需要重新计算该值。计算 2021—2030 年各情景下城镇、农村单位干基垃圾可降解碳含量见表 4.21 所示。

**表 4.21　2021—2030 年拉萨市每吨干基垃圾 DOC 值**

单位:t

| 年份(年) | 政府规划发展模式 | | | | 优化发展模式 | | | |
|---|---|---|---|---|---|---|---|---|
| | 情景 1、4 | | 情景 2、3、5、6 | | 情景 7、10 | | 情景 8、9、11、12 | |
| | 城镇 | 农村 | 城镇 | 农村 | 城镇 | 农村 | 城镇 | 农村 |
| 2021 | 0.269 | 0.278 | 0.268 | 0.277 | 0.269 | 0.278 | 0.268 | 0.277 |
| 2022 | 0.269 | 0.278 | 0.258 | 0.276 | 0.269 | 0.278 | 0.258 | 0.276 |
| 2023 | 0.269 | 0.278 | 0.247 | 0.275 | 0.269 | 0.278 | 0.247 | 0.275 |
| 2024 | 0.268 | 0.278 | 0.237 | 0.273 | 0.268 | 0.278 | 0.237 | 0.273 |
| 2025 | 0.268 | 0.278 | 0.228 | 0.272 | 0.268 | 0.278 | 0.228 | 0.272 |
| 2026 | 0.268 | 0.278 | 0.216 | 0.27 | 0.268 | 0.278 | 0.216 | 0.27 |
| 2027 | 0.268 | 0.277 | 0.206 | 0.269 | 0.268 | 0.277 | 0.206 | 0.269 |
| 2028 | 0.267 | 0.277 | 0.188 | 0.268 | 0.267 | 0.277 | 0.188 | 0.268 |
| 2029 | 0.267 | 0.277 | 0.173 | 0.268 | 0.267 | 0.277 | 0.173 | 0.268 |
| 2030 | 0.267 | 0.277 | 0.155 | 0.267 | 0.267 | 0.277 | 0.155 | 0.267 |

注:在仅增加垃圾收费的情景下,不会改变生活垃圾正确分类率,故情景 1 和情景 4 下的 DOC 值相同,情景 7 和情景 10 下的 DOC 值相同。在加强垃圾分类情景下,增加分类处理和垃圾收费情景不会改变生活垃圾正确分类率,故情景 2、3、5、6 下的 DOC 值相同,情景 8、9、11、12 下的 DOC 值相同。

综上,考虑生活垃圾含水率 *M* 时,拉萨市每吨生活垃圾填埋过程中甲烷排放量的计算如公式(4-6)所示:

$$CH_4\text{排放量}(t)=MSWL\times L_0=MSWL\times(1-M)\times1\times DOC\times0.5\times0.5\times\frac{16}{2}$$

$$=MSWL\times DOC/3 \qquad (4\text{-}6)$$

此外,为了便于后续统一计算与比较,将甲烷排放量以 $CO_2$ 当量计,计算公式见公式(4-7),最终填埋过程中产生的碳排放量(以 $CO_2$ 当量计)如表 4.22、表 4.23 所示。

$$CO_2(t)=CH_4(t)\times44/16 \qquad (4\text{-}7)$$

表 4.22 2016—2020 年拉萨市生活垃圾填埋过程碳排放量

单位：t $CO_2$

| 年份（年） | 2016 | 2017 | 2018 | 2019 | 2020 |
| --- | --- | --- | --- | --- | --- |
| 碳排放量 | 54 558 | 54 538 | 9 438 | 14 602 | 30 808 |

表 4.23 2021—2030 年拉萨市生活垃圾填埋过程碳排放量

单位：t $CO_2$

| 年份（年） | 政府规划发展模式 | | | 优化发展模式 | | |
| --- | --- | --- | --- | --- | --- | --- |
| | 情景 1<br>情景 4 | 情景 2<br>情景 5 | 情景 3<br>情景 6 | 情景 7<br>情景 10 | 情景 8<br>情景 11 | 情景 9<br>情景 12 |
| 2021 | 32 501 | 26 712 | 31 065 | 25 298 | 24 103 | 24 103 |
| 2022 | 38 320 | 21 762 | 29 497 | 30 195 | 23 124 | 23 124 |
| 2023 | 44 539 | 28 933 | 27 880 | 35 398 | 22 161 | 22 161 |
| 2024 | 50 761 | 30 123 | 16 119 | 40 608 | 23 433 | 10 161 |
| 2025 | 57 311 | 31 672 | 15 809 | 46 021 | 25 060 | 10 576 |
| 2026 | 13 727 | 12 466 | 618 | 20 032 | 18 193 | 6 240 |
| 2027 | 17 076 | 13 129 | 1 284 | 21 070 | 18 957 | 7 037 |
| 2028 | 24 382 | 13 808 | 0 | 22 249 | 19 715 | 4 459 |
| 2029 | 32 013 | 14 643 | 0 | 23 503 | 20 664 | 5 407 |
| 2030 | 39 851 | 15 476 | 276 | 24 835 | 21 573 | 6 373 |

（2）垃圾焚烧处理过程中碳排放量计算

依据《2006 年 IPCC 国家温室气体清单指南》，通常情况下，废弃物焚烧产生的 $CO_2$ 排放多于 $CH_4$ 和 $N_2O$ 排放，废弃物焚化产生的 $CH_4$ 排放是不完全燃烧造成的，而大型的高效焚化炉中产生的 $CH_4$ 排放量通常很小，故本书垃圾焚烧碳排放量计算中不考虑 $CH_4$ 排放。

此外，只有废弃物中的矿物碳（如塑料、某些纺织物、橡胶、液体溶剂和废油）在焚化和露天燃烧期间氧化过程产生的 $CO_2$ 排放，被视为净排放，应当纳入国家 $CO_2$ 排放估算。废弃物中所含的生物质材料（如纸张、食品和木材废弃物）燃烧产生的 $CO_2$ 排放，是生物成因的排放，不应当纳入国家排放总量估算[23]。

估算废弃物焚化和露天燃烧产生的 $CO_2$ 排放量的常用方法是，根据燃烧的废弃物中矿物碳含量的估值，乘以氧化因子，将乘积（氧化的矿物碳量）转换成 $CO_2$[23]。相关数据包括：废弃物的数量和成分、干物质含量、总的碳含量、矿物碳比例和氧化因子，具体计算请见公式（4-8）：

$$CO_2\text{排放量} = MSW \times \Sigma_i (WF_i \times dm_i \times CF_i \times FCF_i \times OF_i) \times 44/12 \tag{4-8}$$

式中，$CO_2$ 排放量——清单年的 $CO_2$ 排放量，t/a；

MSW——作为湿重焚化的城市固体废弃物类型总量，t/a；

$WF_i$—— MSW 中废弃物类型/材料成分 *i* 的比例（作为湿重焚化）；

$dm_i$—— MSW 焚化的成分 *i* 中干物质含量（比例形式）；

$CF_i$——成分 *i* 的干物质中的碳比例，即碳含量（比例形式）；

$FCF_i$——成分 *i* 的碳总含量中矿物碳的比例，具体数值见表 4.24；

$OF_i$——氧化因子（比例形式），取 100%；

44/12——从 C 到 $CO_2$ 的转换因子。

通过查阅文献，当前拉萨市生活垃圾含水率为 24.39%，各组分干物质中的碳含量 $CF_i$ 及碳含量中矿物碳所占比例 $FCF_i$ 见表 4.24 所示，计算得现状下（2016—2020 年）单位干基垃圾矿物碳含量 MCC 为 0.032 636 t。

表 4.24　拉萨市生活垃圾干物质中矿物碳含量

| 生活垃圾类型 *i* | 占干基垃圾量比例 $W_i$ | 干物质中碳比例 $CF_i$ | 碳含量中矿物碳所占比例 $FCF_i$ | 每吨干基垃圾矿物碳含量 MCC（t） |
|---|---|---|---|---|
| 厨余垃圾 | 20.45 | 38.00 | 0.00 | 0.000 000 |
| 灰、渣 | 22.83 | 3.00 | 100.00 | 0.006 849 |
| 纸类 | 23.74 | 46.00 | 1.00 | 0. 001 092 |
| 橡塑 | 14.84 | 67.00 | 20.00 | 0.019 886 |
| 纺织物 | 4.50 | 50.00 | 20.00 | 0.004 500 |
| 玻璃 | 4.73 | 0.00 | 0.00 | 0.000 000 |
| 金属 | 5.12 | 0.00 | 0.00 | 0.000 000 |
| 木竹 | 2.76 | 50.00 | 0.00 | 0.000 000 |
| 其他 | 1.03 | 3.00 | 100.00 | 0.000 309 |
| 总和 | 100.00 |  |  | 0.032 636 |

同垃圾填埋过程中的碳排放量计算一样，在垃圾焚烧处理碳排放量计算时，生活垃圾不同正确分类率的单位干基垃圾矿物碳含量不同，这是因为生活垃圾的正确分类率会影响垃圾的组分，即影响 $W_i$，进而影响单位干基垃圾矿物碳含量，故需要重新计算，计算 2021—2030 年各情景下城镇、农村单位干基垃圾矿物碳含量 MCC 见表 4.25 所示。

表 4.25　2021—2030 年城镇、农村单位干基垃圾矿物碳含量 MCC

单位：t

| 年份（年） | 情景 1、4 | | 情景 2、3、5、6 | | 情景 7、10 | | 情景 8、9、11、12 | |
|---|---|---|---|---|---|---|---|---|
| | 城镇 | 农村 | 城镇 | 农村 | 城镇 | 农村 | 城镇 | 农村 |
| 2021 | 0.032 5 | 0.032 6 | 0.032 5 | 0.032 6 | 0.032 5 | 0.032 6 | 0.032 5 | 0.032 6 |
| 2022 | 0.032 5 | 0.032 6 | 0.032 4 | 0.032 6 | 0.032 5 | 0.032 6 | 0.032 4 | 0.032 6 |
| 2023 | 0.032 5 | 0.032 6 | 0.032 3 | 0.032 6 | 0.032 5 | 0.032 6 | 0.032 3 | 0.032 6 |
| 2024 | 0.032 5 | 0.032 6 | 0.032 2 | 0.032 6 | 0.032 5 | 0.032 6 | 0.032 2 | 0.032 6 |

续表

| 年份（年） | 情景 1、4 | | 情景 2、3、5、6 | | 情景 7、10 | | 情景 8、9、11、12 | |
|---|---|---|---|---|---|---|---|---|
| | 城镇 | 农村 | 城镇 | 农村 | 城镇 | 农村 | 城镇 | 农村 |
| 2025 | 0.032 5 | 0.032 6 | 0.032 1 | 0.032 6 | 0.032 5 | 0.032 6 | 0.032 1 | 0.032 6 |
| 2026 | 0.032 5 | 0.032 6 | 0.032 0 | 0.032 6 | 0.032 5 | 0.032 6 | 0.032 0 | 0.032 6 |
| 2027 | 0.032 5 | 0.032 6 | 0.031 9 | 0.032 5 | 0.032 5 | 0.032 6 | 0.031 9 | 0.032 5 |
| 2028 | 0.032 5 | 0.032 6 | 0.031 7 | 0.032 5 | 0.032 5 | 0.032 6 | 0.031 7 | 0.032 5 |
| 2029 | 0.032 5 | 0.032 6 | 0.031 6 | 0.032 5 | 0.032 5 | 0.032 6 | 0.031 6 | 0.032 5 |
| 2030 | 0.032 5 | 0.032 6 | 0.031 5 | 0.032 5 | 0.032 5 | 0.032 6 | 0.031 5 | 0.032 5 |

综上，考虑生活垃圾含水率 $M$ 时，拉萨市每吨生活垃圾焚烧处理时碳排放量的计算见公式（4-9）所示，2016—2030 年拉萨市生活垃圾焚烧处理的碳排放量最终计算结果如表 4.26、表 4.27 所示。

$$CO_2\text{ 排放量} = MSW \times MCC \times 44/12 \times (1 - M) \tag{4-9}$$

**表 4.26　2016—2020 年拉萨市生活垃圾焚烧处理的碳排放量**

单位：t $CO_2$

| 年份（年） | 2016 | 2017 | 2018 | 2019 | 2020 |
|---|---|---|---|---|---|
| 碳排放量 | 0 | 905[①] | 25 775 | 23 232 | 17 811 |

注：经查询《城市建设统计年鉴》，拉萨市焚烧发电场虽于 2018 年开始正式运行，但 2017 年已开始试运行，故 2017 年有少量碳排放。

**表 4.27　2021—2030 年拉萨市生活垃圾焚烧处理的碳排放量**

单位：t $CO_2$

| 年份（年） | 政府规划发展模式 | | | 优化发展模式 | | |
|---|---|---|---|---|---|---|
| | 情景 1<br>情景 4 | 情景 2<br>情景 5 | 情景 3<br>情景 6 | 情景 7<br>情景 10 | 情景 8<br>情景 11 | 情景 9<br>情景 12 |
| 2021 | 23 052 | 23 024 | 23 024 | 23 052 | 23 024 | 23 024 |
| 2022 | 23 052 | 22 953 | 22 953 | 23 052 | 22 953 | 22 953 |
| 2023 | 23 052 | 22 882 | 22 882 | 23 052 | 22 882 | 22 882 |
| 2024 | 23 052 | 22 812 | 28 145 | 23 052 | 22 812 | 28 425 |
| 2025 | 23 052 | 22 741 | 28 354 | 23 052 | 22 741 | 28 354 |
| 2026 | 47 584 | 34 347 | 37 733 | 38 435 | 27 244 | 30 630 |
| 2027 | 49 398 | 34 946 | 38 322 | 40 716 | 27 613 | 30 989 |
| 2028 | 49 398 | 34 866 | 35 764 | 43 022 | 27 430 | 30 651 |
| 2029 | 49 398 | 35 421 | 35 271 | 45 390 | 27 746 | 30 127 |
| 2030 | 49 398 | 35 670 | 35 840 | 47 771 | 27 809 | 29 253 |

（3）餐厨垃圾处理过程中的碳排放量计算

依据相关部门提供的信息，拉萨市餐厨废弃物资源化利用和无害化处理的流程如下。

①餐厨预处理：以破碎系统为主，餐厨废弃物经卸料斗进入大物料分选机—立式破碎机—沉沙机—除杂机—三相分离机，将其分离成固渣、水相、粗油脂。

②三相分别处理：固渣外排至生活垃圾填埋场填埋处理；分离出的水相进入厌氧系统，经高温发酵产生沼气，用于烧锅炉及厂区供暖系统；粗油脂集中外售处理。

依据《2006 年 IPCC 国家温室气体清单指南》，有机废弃物的厌氧分解产生的 $CO_2$ 排放是生物成因的，不纳入碳排放总量计算。此外，如果厌氧分解过程产生的 $CH_4$ 气体被回收作为能源使用，因最终燃烧产生的 $CO_2$ 是生物成因的，故这部分 $CH_4$ 气体也不纳入碳排放总量计算。由于拉萨市餐厨垃圾处理厂产生的 $CH_4$ 气体是作为能源进行回收利用的，因此只需计算处理设施由于过程干扰期间的无意泄漏或其他未预料到的事件引起的 $CH_4$ 排放量，依据 IPCC 指南，通常在 0~10%之间，采用推荐的缺省值 5%。

依据 IPCC 指南，源自生物处理的 $CH_4$ 气体排放计算见公式（4-10）：

$$CH_4\text{排放量} = \Sigma_i (M_i \times EF_i) \times 10^{-3} - R \tag{4-10}$$

式中，$i$——堆肥处理或厌氧分解，本处为厌氧分解；

$M_i$——生物处理类型 $i$ 的有机废弃物质量，本书为厌氧分解的餐厨垃圾质量，t；

$EF_i$——处理方式 $i$ 的排放因子，本书即厌氧分解的排放因子，取 1.5 kg $CH_4$/t；

$R$——回收的 $CH_4$ 总量，t。

综上，代入拉萨市相关数据，得到拉萨市餐厨垃圾厌氧处理排放的 $CH_4$ 量见公式（4-11）：

$$CH_4\text{排放量} = 0.05 \times M \times 1.5 \times 10^{-3} \tag{4-11}$$

经计算，各情景下拉萨市餐厨垃圾处理的碳排放量（以 $CO_2$ 当量计）如表 4.28 所示，最高排放量为 2029 年、2030 年的情景 3、情景 6，为 23.08 t。对比表 4.23、表 4.27，餐厨垃圾处理的碳排放量明显低于填埋和焚烧处理方式产生的碳排放量。

**表 4.28　2021—2030 年拉萨市餐厨垃圾处理的碳排放量**

单位：t $CO_2$

| 年份（年） | 政府规划发展模式 | | | 优化发展模式 | | |
|---|---|---|---|---|---|---|
| | 情景 1<br>情景 4 | 情景 2<br>情景 5 | 情景 3<br>情景 6 | 情景 7<br>情景 10 | 情景 8<br>情景 11 | 情景 9<br>情景 12 |
| 2021 | 2.30 | 7.52 | 2.68 | 1.89 | 2.21 | 2.21 |
| 2022 | 2.64 | 13.85 | 4.93 | 2.16 | 4.04 | 4.04 |
| 2023 | 2.95 | 6.02 | 7.29 | 2.40 | 5.95 | 5.95 |
| 2024 | 3.30 | 6.02 | 9.56 | 2.68 | 6.02 | 7.89 |
| 2025 | 3.67 | 6.02 | 11.40 | 2.98 | 6.02 | 9.59 |
| 2026 | 4.00 | 6.02 | 11.45 | 3.23 | 6.02 | 11.56 |
| 2027 | 4.35 | 6.02 | 11.49 | 3.50 | 6.02 | 11.58 |
| 2028 | 4.72 | 6.02 | 19.62 | 3.79 | 6.02 | 15.82 |

续表

| 年份(年) | 政府规划发展模式 | | | 优化发展模式 | | |
|---|---|---|---|---|---|---|
| | 情景 1<br>情景 4 | 情景 2<br>情景 5 | 情景 3<br>情景 6 | 情景 7<br>情景 10 | 情景 8<br>情景 11 | 情景 9<br>情景 12 |
| 2029 | 5.08 | 6.02 | 23.08 | 4.06 | 6.02 | 17.83 |
| 2030 | 5.46 | 6.02 | 23.08 | 4.33 | 6.02 | 20.08 |

综上所述,拉萨市生活垃圾全过程管理系统的碳排放量等于生活垃圾各处理工艺(填埋处理、焚烧发电处理、餐厨垃圾处理)的碳排放量之和, 2016—2030 年拉萨市生活垃圾全过程管理系统的碳排放量如表 4.29、表 4.30 所示。

表 4.29　2016—2020 年拉萨市生活垃圾全过程管理系统碳排放量

单位:t $CO_2$

| 年份(年) | 2016 | 2017 | 2018 | 2019 | 2020 |
|---|---|---|---|---|---|
| 碳排放量 | 54 558 | 55 443 | 35 213 | 37 833 | 48 619 |

表 4.30　2021—2030 年拉萨市生活垃圾全过程管理系统碳排放量

单位:t $CO_2$

| 年份(年) | 政府规划发展模式 | | | 优化发展模式 | | |
|---|---|---|---|---|---|---|
| | 情景 1<br>情景 4 | 情景 2<br>情景 5 | 情景 3<br>情景 6 | 情景 7<br>情景 10 | 情景 8<br>情景 11 | 情景 9<br>情景 12 |
| 2021 | 55 554 | 49 736 | 54 089 | 48 350 | 47 127 | 47 127 |
| 2022 | 61 372 | 44 715 | 52 450 | 53 248 | 46 077 | 46 077 |
| 2023 | 67 592 | 51 816 | 50 763 | 58 451 | 45 043 | 45 043 |
| 2024 | 73 813 | 52 935 | 44 263 | 63 660 | 46 244 | 38 586 |
| 2025 | 80 364 | 54 413 | 44 163 | 69 073 | 47 801 | 38 930 |
| 2026 | 61 311 | 46 813 | 38 350 | 58 467 | 45 437 | 36 870 |
| 2027 | 66 474 | 48 075 | 39 605 | 61 786 | 46 570 | 38 026 |
| 2028 | 73 780 | 48 674 | 35 764 | 65 271 | 47 145 | 35 110 |
| 2029 | 81 411 | 50 064 | 35 271 | 68 892 | 48 410 | 35 535 |
| 2030 | 89 249 | 51 145 | 36 116 | 72 606 | 49 382 | 35 626 |

# 本章参考文献


[1] 周靖承,陈海滨. 基于 DEA 模型的我国城市生活垃圾管理效率评价[J]. 中国环境科学,2012,32(7):1332-1338.

[2] 盛召瀚,朱乔,吴广谋.DEA 理论、方法与应用[M]. 北京:科学出版社,1996.

[3] 侯文慧. 基于固定和产出的 Malmquist-DEA 方法研究 [D]. 合肥:中国科学技术大学,2021.

[4] 马立杰.DEA 理论及应用研究[D]. 济南:山东大学,2007.

[5] 徐琼. 技术效率与前沿面理论评述[J]. 财经论丛,2005(2):29-34.

[6] 成刚. 数据包络分析方法与 MAXDEA 软件[M]. 北京:知识产权出版社,2014.

[7] 马占新,马生昀,包斯琴高娃,等. 数据包络分析及其应用案例[M]. 北京:科学出版社,2013.

[8] 赵志伟. 不确定环境下城市生活垃圾收运路线及其鲁棒优化研究[D]. 北京:北京化工大学,2019.

[9] 郑莹莹,周锐,王新军. 基于 DEA-Tobit 两阶段法的上海浦东新区垃圾转运效率及其影响因素[J]. 生态与农村环境学报,2015(3):308-313.

[10] 杨良杰,吴威,苏勤,等. 基于 SBM-Undesirable 模型的 1997—2010 中国公路运输效率评价[J]. 地理科学进展,2013,32(11):1602-1611.

[11] HALKOS G, PETROU K N. Assessing 28EU member states' environmental efficiency in national waste generation with DEA [J]. Journal of cleaner production, 2019, 208: 509-521.

[12] FARRELL M. The measurement of productive efficiency[J]. Journal of the royal statistical society series a-general, 1957, 120(3): 253-290.

[13] PASTOR J T, LOVELL C A K.A global malmquist productivity index[J].Economics letters, 2005,88(2):266-271.

[14] 黄茂兴,李军军,林寿富,等. 经济科学实验方法及应用[M]. 北京:经济科学出版社,2019.

[15] 涂琼,徐国强,邢矗. 拉萨融媒. "终端处理"让垃圾变废为宝[N/OL].2020-04-05 [2022-05-01]. http://www.lasa.gov.cn/lasa/mtjj/202 204/d4154290c1964dabb2bf5c3b3cf02a8e.shtml.

[16] 万君宜,冯心茹,唐其旭,等. 城市生活垃圾无害化处理的成本—效益分析:以我国 25 个城市为例[J]. 资源与产业,2019,21(4):81-89.

[17] 甘艳婧. 我国城市生活垃圾管理效率及其影响因素研究[D]. 西安:西北大学,2018.

[18] 靳敏,黄志武. 垃圾处理之拉萨经验:让垃圾找到"合理归宿"[N/OL]. 中国西藏新闻网,2019-10-24[2022-05-01]. http://www.lasa.gov.cn/lasa/lsyw/201910/8d7a26f7426242188f-827ca621db2ca2.shtml.

[19] 尉辞非. 中国生活垃圾分类产业的经济学分析[D]. 北京:中国社会科学院,2020.

[20] 旦增,布多. 西藏拉萨市市区生活垃圾物理特性分析[J]. 西藏大学学报(自然科学版),

2012,27(1):20-27.

[21] 王龙,李颖. 北京市生活垃圾焚烧发电厂温室气体排放及影响因素[J]. 环境工程学报,2017,11(12):6490-6496.

[22] J T HOUGHTON, l G MEIRA FILHO, B LIM, et al. Reference manual[M]. Geneva: IPCC, 1996.

[23] IPCC. IPCC 国家温室气体清单优良作法指南和不确定性管理[M]. Geneva: IPCC, 2006.

[24] IPCC.2019 refinement to the 2006 IPCC guidelines for national greenhouse gas inventories [M]. Geneva: IPCC,2019.

# Chapter 5

# 第 5 章 拉萨市生活垃圾全过程管理效率评价结果及分析

按照上述方法，利用 4.3 节计算结果，通过 SBM-Undesirable 模型测算 2016—2020 年现状情况下及 2021—2030 年不同情景下拉萨市生活垃圾管理的综合效率、纯技术效率和规模效率，利用全局参比 Malmquist 指数模型测算其 Malmquist 全要素生产率指数、技术效率变化指数和技术进步指数，然后对不同情景下生活垃圾全过程管理效率进行静态和动态分析。

## 5.1 拉萨市生活垃圾现状管理效率评价

### 5.1.1 现状管理效率计算结果

利用 SBM-Undesirable 模型和 Malmquist 指数模型计算 2016—2020 年现状情况下拉萨市生活垃圾管理效率见表 5.1。

表 5.1 2016—2020 年拉萨市生活垃圾全过程管理效率

| 年份(年) | 综合效率(TE) | 纯技术效率(PTE) | 规模效率(SE) | Malmquist 指数 | 技术效率变化指数 | 技术进步指数 |
|---|---|---|---|---|---|---|
| 2016 | 0.095 3 | 1.000 0 | 0.095 3 | | | |
| 2017 | 0.089 0 | 0.726 9 | 0.122 4 | 0.933 9 | 1.000 0 | 0.933 9 |
| 2018 | 0.084 7 | 1.000 0 | 0.084 7 | 0.951 7 | 1.000 0 | 0.951 7 |
| 2019 | 0.059 1 | 1.000 0 | 0.059 1 | 0.697 8 | 1.000 0 | 0.697 8 |
| 2020 | 0.038 7 | 0.168 0 | 0.230 4 | 0.654 8 | 1.000 0 | 0.654 8 |

### 5.1.2 现状管理效率分析

表 5.1 中第二列综合效率(TE)指的是对生活垃圾全过程管理资源配置能力、使用效率等多方面能力的综合评价与衡量。从表中第二列可以看出，2016—2020 年拉萨市生活垃圾全过程管理效率较低，分析原因可能是因为该部分管理效率是和 2021—2030 年各情景一起用全局模型计算的相对效率，现状下的生活垃圾管理方式不如采取加强垃圾分类回收、分类处理且实施垃圾收费等措施后的管理效率高。

值得注意的是，虽然 2018 年生活垃圾焚烧发电厂建成使用，但管理效率并未提高。对比分析 4.3 节投入、产出指标数据发现，除垃圾产生量、市容环卫车辆设备数、资金投入较 2017 年逐步增大外，如表 4.29 所示，碳排放量明显降低，表明垃圾焚烧发电能显著降低环境负效益。此外，如表 4.1 所示垃圾管理从业人员从 2017 年的 1 241 人增加到 2018 年的 4 496 人，增长了近 2.6 倍，分析认为可能是由于人员投入较大导致管理效率未能提高。

此外，分析表 5.1 第二列不难发现，现状下拉萨市生活垃圾全过程管理综合效率呈现逐年降低的趋势，结合 2017—2020 年 Malmquist 指数 < 1，2017—2020 年生活垃圾全过程管理效率下降，说明拉萨市虽然近几年在垃圾管理方面增加了人力、物力和财力的投入，但整体经济产出和环境效益产出并没有达到相应的目标，致使整体管理效率并没有提高甚至逐年下降。

纯技术效率（PTE）是用来评价生活垃圾全过程管理系统中，在排除规模影响因素后，技术和管理因素对现有资源影响水平强弱的参数。从表 5.1 数据可以看到，2016、2018、2019 年的 PTE = 1，即生活垃圾全过程管理纯技术效率有效，说明在当时的技术水平下投入资源的使用效果较好；而 2017、2020 年 PTE < 1，说明这两年管理和技术水平未达到 PTE 有效。依照图 3.1 分析，原因可能是 2016 年生活垃圾产生量最少，相应的资源投入最少，而 2018、2019 年焚烧发电厂投入使用，生活垃圾焚烧处理率相对较高，在投入稳步增加的情况下，经济产出和环境效益与 2017、2020 年相比更为理想。

规模效率（SE）指在外部环境和管理水平不变的情况下，评估当前的资源分配是否处于最佳状态，评价生活垃圾全过程管理系统结构通过优化资源配置对产出要素的影响大小。通过表格数据可见，现状下拉萨市生活垃圾管理的规模效率远小于 1，一方面表明同 PTE 相比，SE 是导致 TE 损失的主要原因，即规模配置在拉萨市生活垃圾全过程管理中处于重要地位；另一方面说明拉萨市垃圾全过程管理尚未达到最优规模配置，即当前的人力、财力、物力等资源配置尚未达到最佳状态，可能存在投入资源浪费、产出资源不足等问题，仍有较大优化空间，需要对当前投入资源的配置进行科学合理的改进，在现有技术水平的基础上合理利用投入资源，避免因盲目扩大规模而导致资源的浪费，最终实现管理效率的提高。

## 5.2 不同情景的管理效率评价

### 5.2.1 管理效率静态分析

（1）SBM-Undesirable 模型计算结果

利用 SBM-Undesirable 模型计算的 2021—2030 年不同情景下拉萨市生活垃圾管理的综合效率（TE）、纯技术效率（PTE）和规模效率（SE）见图 5.1、图 5.2、图 5.3。

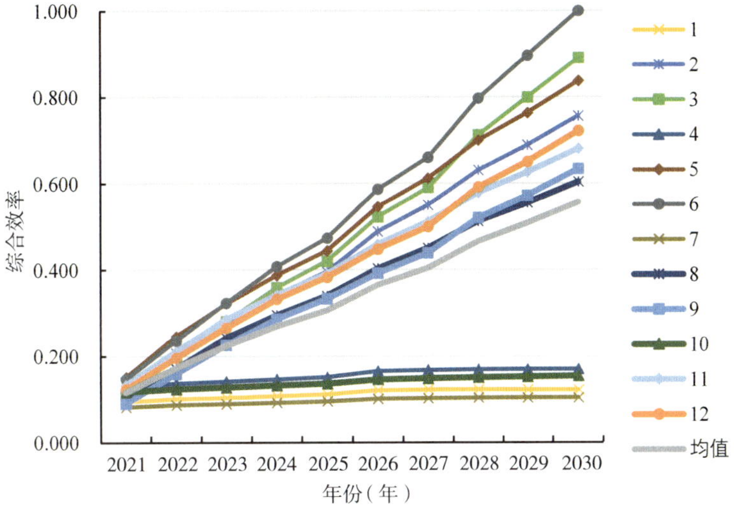


**图 5.1　2021—2030 年拉萨市生活垃圾全过程管理综合效率**

(注:图例中数字表示相应的情景,如 1 表示情景 1,均值表示各情景的效率平均值)

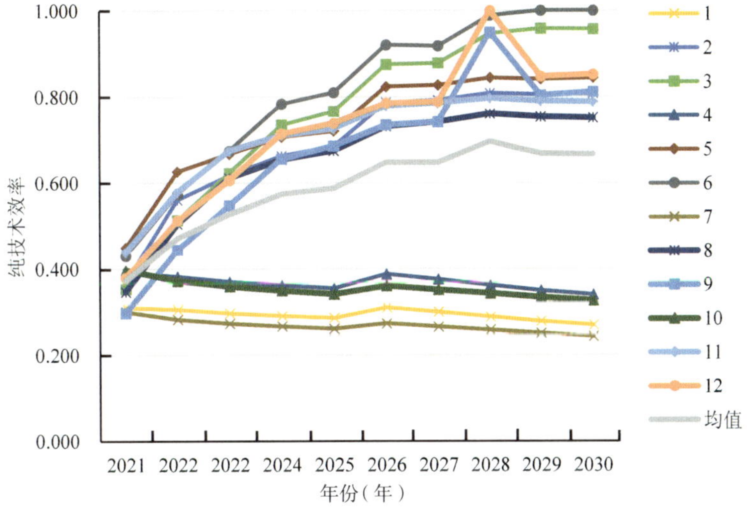


**图 5.2　2021—2030 年拉萨市生活垃圾全过程管理纯技术效率**

(注:图例中数字表示相应的情景,如 1 表示情景 1,均值表示各情景的效率平均值)

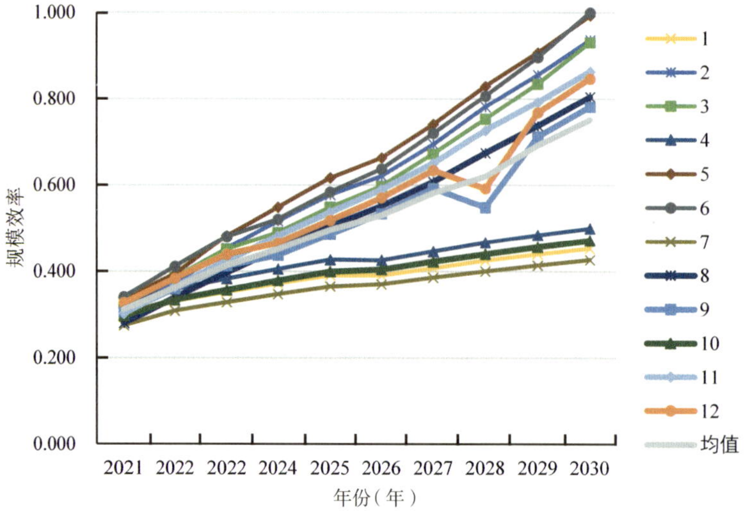


图 5.3 2021—2030 年拉萨市生活垃圾全过程管理规模效率

(注:图例中数字表示相应的情景,如 1 表示情景 1,均值表示各情景的效率平均值)

(2)管理效率静态分析

为了更直观地对比各情景的效率,计算同一情景下 2021—2030 年各效率的均值,分别记为综合效率均值(TE 均值)、纯技术效率均值(PTE 均值)、规模效率均值(SE 均值)。各情景 2021—2030 年生活垃圾全过程管理的 TE 均值排序及在 TE 均值下,相应的 PTE 均值、SE 均值见表 5.2。

表 5.2 各情景平均综合效率 TE 排序及相应的 PTE 均值、SE 均值

| 排序 | TE 均值 | PTE 均值 | SE 均值 | 情景名称 | 所属模式 |
|---|---|---|---|---|---|
| 1 | 0.553 | 0.810 | 0.640 | 情景 6 加强垃圾分类+分类处理+垃圾收费情景 | 政府规划发展 |
| 2 | 0.501 | 0.735 | 0.651 | 情景 5 加强垃圾分类+垃圾收费情景 | 政府规划发展 |
| 3 | 0.489 | 0.760 | 0.598 | 情景 3 加强垃圾分类+分类处理情景 | 政府规划发展 |
| 4 | 0.445 | 0.689 | 0.612 | 情景 2 加强垃圾分类情景 | 政府规划发展 |
| 5 | 0.422 | 0.707 | 0.573 | 情景 11 加强垃圾分类+垃圾收费情景 | 优化发展 |
| 6 | 0.421 | 0.722 | 0.555 | 情景 12 加强垃圾分类+分类处理+垃圾收费情景 | 优化发展 |
| 7 | 0.367 | 0.652 | 0.535 | 情景 8 加强垃圾分类情景 | 优化发展 |
| 8 | 0.365 | 0.667 | 0.517 | 情景 9 加强垃圾分类+分类处理情景 | 优化发展 |
| 9 | 0.155 | 0.367 | 0.423 | 情景 4 垃圾收费情景 | 政府规划发展 |
| 10 | 0.139 | 0.353 | 0.396 | 情景 10 垃圾收费情景 | 优化发展 |
| 11 | 0.113 | 0.294 | 0.387 | 情景 1 现状情景 | 政府规划发展 |
| 12 | 0.096 | 0.268 | 0.362 | 情景 7 基本情景 | 优化发展 |

依据图 5.1、图 5.2、图 5.3 和表 5.2，对相同年份的不同情景进行静态分析，可得到如下结论。

① 采取相同垃圾管理措施的情况下，政府规划发展模式下的综合效率高于优化发展模式下垃圾管理综合效率。分析原因，可能是优化发展模式下垃圾管理规模低于政府规划发展模式下的垃圾管理规模，但采取的各项垃圾管理措施却相同，就会导致投入资源存在冗余，进而导致优化发展模式下的综合效率整体低于政府规划发展模式下的综合效率。这表明各项垃圾管理措施要与垃圾产生规模相适应，盲目增加投入或扩大规模可能会导致资源浪费，进而使管理效率降低。

② 不同情景下综合效率均值表明，提高垃圾正确分类率以加强垃圾分类的情景比基本情景效率高 2 倍甚至 3 倍，而加强垃圾分类回收后再采取其他管理措施的情景效率增长最高只有 30%，这表明随着垃圾产生量的逐年增大，加强垃圾分类回收是提高拉萨市生活垃圾全过程管理效率最有效的途径。必须通过各种措施提高居民垃圾正确分类的意识，并完善补全垃圾分类回收所需的车辆设备及相关从业人员等配置。

③ 政府规划发展模式下，在其余垃圾管理措施相同时，加强垃圾分类处理情景的综合效率高于按照现状进行垃圾处理情景的综合效率。例如情景 3 的综合效率均值为 0.489，高于相应情况下不加强分类处理的情景 2，其综合效率均值为 0.445，表明随着垃圾产生量的逐年增加，适当扩大垃圾分类处理规模，对不同种类的生活垃圾分别进行处理处置及资源化利用，有助于提高生活垃圾全过程管理综合效率，更符合垃圾无害化、减量化和资源化的处理原则。

④在其余垃圾管理措施及情景相同情况下，采取垃圾收费措施的情景管理效率高于无收费措施的情景。例如情景 4、情景 5、情景 6 分别高于情景 1、情景 2、情景 3，表明在拉萨市实施生活垃圾收费措施有助于提高生活垃圾全过程管理效率。

⑤ 政府规划发展模式下的情景 6“加强垃圾分类+分类处理+垃圾收费情景”在所有情景中管理效率最高，而且在 2030 年综合效率、纯技术效率及规模效率均为 1，达到了决策单元强势有效，即相较于其他年份及其他情景而言，2030 年情景 6 的各项投入及产出是最合理的，所有投入及产出是最理想的，无须对其进行调整。

⑥ 对比各情景的平均技术效率和平均规模效率可知，情景 1、4、7、10 的纯技术效率均值 < 规模效率均值，说明在这些情景下，技术水平的提升空间更大，技术对综合效率的影响大于规模对综合效率的影响。经分析可知，这些情景为现状情景或只采取了垃圾收费措施，故在此情景下应注重提升垃圾管理的技术水平。情景 2、3、5、6、8、9、11、12 的纯技术效率均值 > 规模效率均值，说明在这些情景下，规模对综合效率的影响大于技术水平对综合效率的影响，在这些情景下更应注重优化投入资源配置。

### 5.2.2　管理效率动态分析

（1）全局参比 Malmquist 指数模型计算结果

利用全局参比 Malmquist 指数模型计算的 2021—2030 年各时期内不同情景下拉萨市生活垃圾管理的 Malmquist 全要素生产率指数、技术效率变化（TEC）指数和技术进步（TC）指数见图 5.4、图 5.5、图 5.6（横坐标为该时期内末端时间，如 2022 年实际代表的为 2021—2022 年这一时期）。

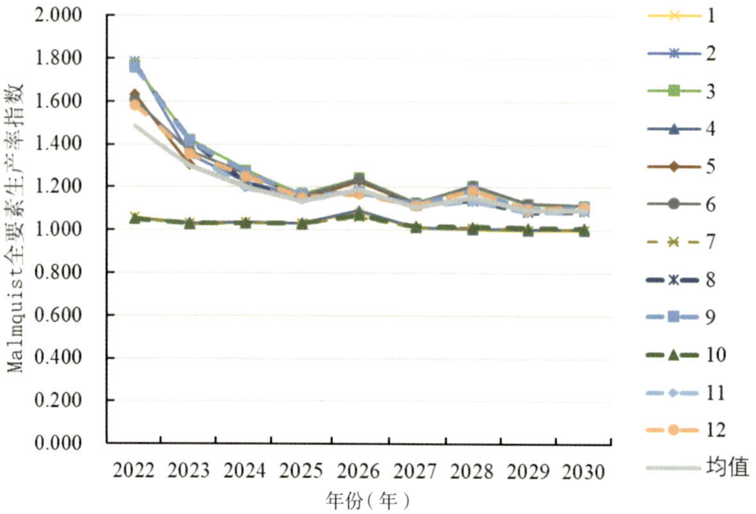


**图 5.4　2021—2030 年各时期垃圾全过程管理的 Malmquist 全要素生产率指数**

（注:图例中数字表示相应的情景,如 1 表示情景 1,均值表示各情景的效率平均值）

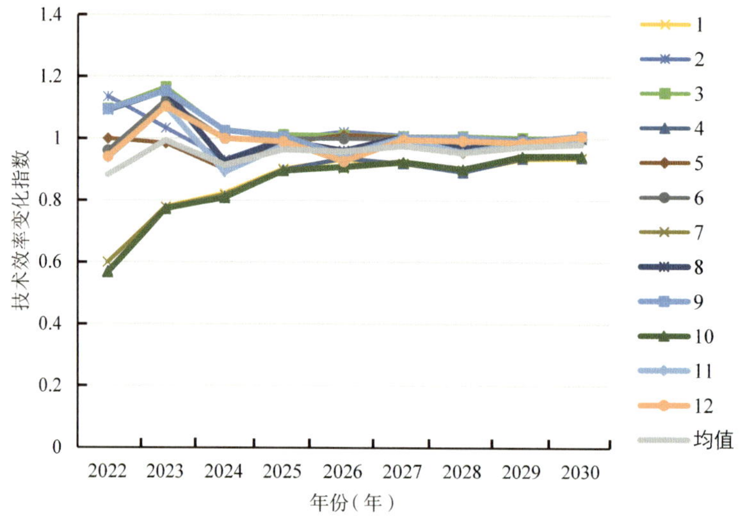


**图 5.5　2021—2030 年各时期生活垃圾全过程管理的技术效率变化指数**

（注:图例中数字表示相应的情景,如 1 表示情景 1,均值表示各情景的效率平均值）

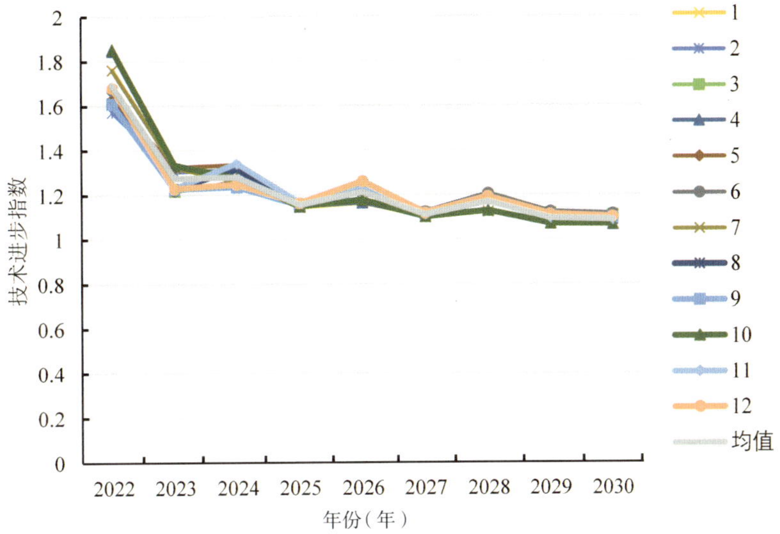


**图 5.6　2021—2030 年各时期内生活垃圾全过程管理的技术进步指数**

(注:图例中数字表示相应的情景,如 1 表示情景 1,均值表示各情景的效率平均值)

(2)管理效率动态分析

依照图 5.4、图 5.5、图 5.6,对相同情景在不同年份的管理效率进行动态分析,可得到以下结论。

①根据图 5.1 及图 5.4 可以看出,2021—2030 年情景 1、4、7、10 的 Malmquist 全要素生产率指数基本保持在 1.0 左右,即垃圾管理综合效率随年份增长变化不大,说明如果按照现状或仅采取垃圾收费措施,并不会提高生活垃圾全过程管理的效率,必须采取其他垃圾管理措施才能提高管理效率。而其余情景的 Malmquist 指数均明显大于 1.0,垃圾管理效率在 2021—2030 年一直保持稳步增长状态,说明加强垃圾分类、加强垃圾分类处理或同时采取垃圾收费政策能显著提高垃圾管理效率。

②从图 5.4 可知,2025 年之前,情景 2、3、5、6、8、9、11、12 的 Malmquist 指数较大,2025 年之后趋于稳定,这表明 2025 年之前垃圾管理效率增速较高,而 2025 年后趋于稳定,对图 5.5 和图 5.6 分析可知,其主要原因是 2025 年之前技术进步指数较大即生产技术变化较快。

③ Malmquist 指数变动情况与技术效率变化指数和技术进步指数有关。由图 5.5 及图 5.6 可见,比较同情景下的同时间段的技术效率变化指数与技术进步指数,各情景下同时间段的技术进步指数大于技术效率变化指数,尤其在 2025 年之前,技术进步指数明显高于 技术效率变化指数,说明技术进步对 Malmquist 指数的影响大于技术效率变化对其影响,即 2021—2030 年期间,技术进步对垃圾管理效率增长的影响大于技术效率变化对垃圾管理效率增长的影响。

④由图 5.6 可见, 2021—2030 年各情景的技术进步指数 > 1,表明垃圾管理的技术水平在持续进步,且技术进步指数逐步降低且趋近于 1,说明技术水平逐步趋于稳定。

# Chapter 6

# 第 6 章 拉萨市生活垃圾全过程管理优化建议

## 6.1 拉萨市生活垃圾全过程管理存在的问题及原因分析

### 6.1.1 生活垃圾产生量增速较快

2010—2020 年拉萨市年均 GDP 增长速率约为 14.25%，经济发展速度较快，同时旅游人次增长迅猛，使得拉萨市生活垃圾产生量保持较快增速。经测算，到 2030 年将达到 859 575 t，是 2020 年的 2 倍，年平均增长率为 9.68%，高于我国其他城市（厦门 9.24%，广州 5.59%，北京 5.07%，上海 0.23%），致使垃圾焚烧厂处理能力不足，4 个远郊县填埋场都将提前达到库容。

### 6.1.2 城区生活垃圾转运站数量少

经调研，拉萨市城区目前每天产生垃圾 1 144 t。目前拉萨市仅有 2 个垃圾转运站（其中一个未运行），每个转运站转运量为 200 t/d，每天经转运站初步压缩处理转运的垃圾仅占 17.5%，82.5%的垃圾被直接运送到焚烧厂或者填埋场进行处置。这种情况下，对运输车辆需求量加大，运输成本升高，运输过程带来的环境和社会问题增加。

### 6.1.3 生活垃圾分类效果不显著

自 2017 年拉萨市作为垃圾分类试点城市起，大量资金已投入分类基础设施的建设中。但由于宣传教育范围和方式受到局限，居民分类意识尚未形成、参与率低，垃圾分类的收费政策、奖惩机制、监督机制和责任机制等不健全，导致生活垃圾分类效果甚微，大部分未分类投放，混装混运现象普遍。

### 6.1.4 各类垃圾分类处理设施不完善

目前，拉萨市城区除了对有害垃圾和小部分来自机关、学校、部队的餐厨垃圾进行分类处理外，其余生活垃圾主要进入拉萨市生活垃圾焚烧发电厂和拉萨市生活垃圾填埋场混合处理，各类垃圾并没有明确的分类处理设施。

### 6.1.5 可回收垃圾资源化能力弱

经调研，城区可回收垃圾在拉萨市生活垃圾中占比高达 55.69%，但回收率仅有 5%。由于政府对资源化企业的扶持力度小，尚未出台鼓励政策，导致资源化企业少；对于已回收的垃圾均由回收企业打包压缩，定期运到内地进行无害化处理和资源化利用，造成运输成本高、利润低，回收企业积极性不高，影响回收率和资源化率。

## 6.2　拉萨市生活垃圾全过程管理对策建议

### 6.2.1　正确处理好拉萨市社会经济环境可持续发展关系

《拉萨市国民经济和社会发展“十四五”规划和二〇三五年远景目标纲要》中提出 GDP 年均增长率 8%的目标。参照 3.2.1 节的模拟预测结果，到 2030 年拉萨市生活垃圾产生总量将达到 85 万 t。经测算，GDP 年均增长率如降低 1%，即调整为 7%时，2030 年拉萨市生活垃圾产生总量将减少到 82 万 t。2020 年拉萨市城镇化率为 69.77%，经测算，到 2030 年城镇化率将达到 93%。研究表明，城镇化率每降低 1%，生活垃圾产生总量约减少 3 147 t。建议未来 10 年内拉萨市以 GDP 年均增长率不超过 8%、城镇化率不超过 90%的发展速度为佳，此时生活垃圾产生总量过快增长趋势将得到有效控制。建议拉萨市在生态绿色发展的条件下保持经济平稳健康发展，在城镇化建设方面要避免走与内地城市相似、同质、过快的发展道路。

### 6.2.2　完善拉萨市生活垃圾处理模式

2021 年拉萨市城区日均生活垃圾产生总量 1 144 t 左右，参照 3.2.1 节的模拟预测结果，到 2030 年将达到 2 096 t/d。按照实际规划，扩建的焚烧发电厂二期项目在 2026 年建成运行以后仍不能满足未来的增长需求。建议拉萨市城区生活垃圾按照目前的模式进行集中式处理，并要加快拉萨市生活垃圾焚烧发电厂二期项目建设进度。参照 3.2.4 节模拟预测结果，建议远郊县生活垃圾采取集中处理厨余垃圾（建议建设处理能力为 5 t/d 的厨余垃圾集中处理装置即可）+分散处理其余垃圾（如可投放移动式处理装置）的集中分散式处理模式为佳，相较于集中填埋可产生更大的经济效益。

### 6.2.3　继续强化推行垃圾分类制度

要健全生活垃圾分类管理各项机制，在现有垃圾分类制度基础上继续采取措施大力推行垃圾分类。参照 3.2.1 节和 3.2.4 节模拟预测结果，如若不强化垃圾分类，远郊县 4 个垃圾填埋场将在 2026 年满库，拉萨市生活垃圾综合处置利用全过程经济总效益到 2030 年将是-1.96 亿元。在宣传教育、监督监管和奖惩机制建设方面，建议要进一步加强宣传教育，提高居民生活垃圾分类意识，完善生活垃圾分类宣传教育措施；加大监督检查力度，建立健全监管机制；施行奖惩机制，提高居民分类投放生活垃圾的准确率。

### 6.2.4　补齐垃圾分类收运、处理和回收短板

要完善城区生活垃圾收运系统，城区内应增加中转站数量；生活垃圾实行密闭化分类收集，杜绝混收混运。要建立单独的厨余垃圾处理厂，参照 3.2.2 节模拟预测结果，2025 年城区厨余垃圾产生量将达到 5.8 万 t，建议要新建处理能力至少为 165 t/d 的厨余垃圾处理厂 1 座，并尽快投入运行。要建立可回收垃圾回收利用体系，鼓励有条件的企业建立可回收垃圾处置场所；要鼓励成立可回收垃圾回收企业，制定激励政策，鼓励相关企业研发垃圾资源化

技术,并在垃圾资源化产品的销售环节给予一定的政策支持,使得垃圾资源化产品能够顺利进入市场。

### 6.2.5 明确生活垃圾全过程管理主体责任、各方责任、具体实施方式和要求,加强制度建设

要落实生活垃圾从分类到处理处置全过程管理责任,完善生活垃圾产生者付费制度。建议生活垃圾单独收费,对城区非居民用户推行垃圾计量收费制度,逐步建立超定额累进加价机制,并实行分类垃圾与混合垃圾差别化收费政策,提高混合垃圾收费标准;对具备条件的居民用户,实行计量收费和差别化收费,加快推进垃圾分类。同时综合考虑远郊县经济发展水平、农牧民承受能力、垃圾处理成本等因素,建议单独建立远郊县垃圾收费制度。

总之,促进高寒高海拔地区生活垃圾源头减量和回收利用,构建前后端匹配的生活垃圾基础设施体系,降低管理运营成本,明确生活垃圾管理系统中不同主体需承担的共同但有区别的责任,努力实现拉萨市社会经济环境协调发展的目标。

# 结语

本书以解决目前我国高寒高海拔地区生活垃圾全过程管理存在的问题为出发点和落脚点，在大量线上线下调研相结合的基础上，利用系统动力学理论和数据包络分析方法，构建了高寒高海拔地区生活垃圾全过程管理的系统动力学 SD 模型和基于 DEA-Malmquist 的生活垃圾全过程管理效率评价方法，并以拉萨市为例，探索了拉萨市生活垃圾全过程管理的优化路径。本书主要工作及创新性成果如下。

构建了拉萨市生活垃圾综合处置利用系统动力学模型，提出多种生活垃圾全过程管理情景并进行了政策模拟

本书不仅将高寒高海拔地区经济、社会、管理、教育等相关因素考虑到模型当中，体现生活垃圾全过程管理的系统性、整体性和地域特色，而且将家庭规模、受教育水平、居民环保意识等其他研究不曾考虑的变量也纳入模型，既考虑到城镇和农村生活垃圾全过程管理的差异性，又引入当前拉萨市采用的各类处理处置技术以及其他具有高寒高海拔特点的可行性较高的处理技术，使得构建出来的模型更加细致周全，能够全面系统地反映高寒高海拔地区真实情况。

通过系统内因果关系结构和内置数学关系式，从理论和数量两个方面诠释了各个变量间以及变量与整体系统间的相互关系，对系统动态行为进行了研究，得到了不同政策调控方案下的模拟仿真结果。模拟结果为拉萨市生活垃圾处理模式选择及全过程管理优化提供了理论和数据支持。

构建了生活垃圾全过程管理效率指标体系，评价了不同情景下拉萨市生活垃圾全过程管理效率

选取从业人员数量、生活垃圾全过程管理资金投入和市容环境专用车辆设备数量作为投入指标，选取经济产出和碳排放量作为非期望产出指标，构建了拉萨市生活垃圾全过程管理效率评价指标体系，对设定的不同政策调控方案下垃圾管理效率分别进行了静态分析和动态分析，确定了最佳管理方案。此成果可为拉萨市生活垃圾管理资源配置和管理措施优化提供参考。

提出了拉萨市生活垃圾全过程管理优化建议

在全面分析拉萨市生活垃圾全过程管理过程存在问题的基础上，根据模拟仿真结果以及效率评价结果，本书为拉萨市提出了包括如何正确处理好社会经济环境可持续发展关系、完善城镇和农村生活垃圾处理处置模式、补齐垃圾分类收运与处理回收短板、优化资源配置以及加强制度管理等方面的一系列政策优化建议。